KB246712

엄마표
냉동이유식은
다르다

한꺼번에 만들어놓고 전자레인지에 데우면 끝!

엄마표 냉동이유식은 다르다

호리에 사와코 조리 지도 ♥ 우에다 레이코 영양 지도

야호~ 엄마표 이유식 먹는 시간!
フリージング離乳食

어바웃어북

빠르고, 맛있고, 건강한 냉동이유식을 소개합니다!

정신없이 결혼해서 어쩌다 보니 아기까지 생겼는데 '엄마'라는 이름은 아직도 버겁기만 합니다. 임신해서부터 아기를 낳고, 먹이고, 입히고 모두 처음이니까요. 힘겹게 문 하나를 통과하면 새로운 문이 수 없이 기다리고 있는 게 육아예요. 그중 이유식은 아기를 둔 엄마라면 결코 피할 수 없는 난관이에요. 이유식은 모유나 분유만 먹던 아기가 난생 처음 맛보는 세상의 음식이에요. 처음이기는 엄마도 마찬가지니 아기와 엄마 모두 시행착오를 겪는 게 당연해요. 게다가 아기는 말을 못하기 때문에 왜 안 먹는지, 어떤 음식을 먹여야 하는지, 어떻게 조리해야 하는지, 어떤 형태의 음식을 좋아하는지 도통 알 수 없어요.
아기에게 건강하고 맛있는 음식을 먹이고 싶은 마음은 모든 엄마가 똑같죠. 당장 열정이 앞서서 많은 이유식책을 살펴보는데, 이유식책은 왜 이렇게 어렵기만 한 걸까요? 엄청난 책 두께와 으깨기, 갈기, 다지기 등 다양한 조리 방법과 매끼 바뀌는 재료까지 따라할 엄두가 나지 않아요. 무작정 따라하자니 내 아기에게 좋은 영양소를 먹이는지도 잘 모르겠고, 시간은 또 왜 이렇게 오래 걸릴까요? 기본 요리도 못하는데 이유식을 만들 수 있을까 한숨만 나옵니다.

그래서 우리 엄마들에게 빠르고, 건강하고, 맛있는, 냉동이유식을 소개합니다! 초보맘도 바쁜 워킹맘도 쉽게 따라할 수 있어요. 모든 메뉴가 단 5분이면 완성됩니다. 주위에서 쉽게 구할 수 있는 식재료로 간단하게 이유식을 만들 수 있어요. 요리를 못하는 엄마도, 일과 육아를 병행하는 엄마도, 바쁜 엄마를 돕는 아빠도 이 책만 있다면 한 번에 이유식 달인으로 거듭날 수 있어요.

이 책은 생후 5개월부터 18개월까지 하루 한 끼 다양한 이유식 메뉴를 제시합니다. 아기가 영양소를 골고루 섭취할 수 있도록 에너지원, 단백질원, 비타민 · 미네랄원 식품을 색깔별로 표기했어요. 식재료의 색깔만 알고 있으면 엄마가 손쉽게 영양 밸런스가 딱 맞는 메뉴를 조합할 수 있어요. 또한 이유식을 처음 시작하는 엄마도 우왕좌왕하지 않도록 이유식의 진행 방법, 알맞은 이유식의 양과 형태 등을 쉽고 친절하게 설명합니다.

냉동이라고 해서 아기 건강에 해로울까 노심초사하지는 마세요. 엄마표 냉동이유식은 다르니까요. 냉동이유식의 기본은 일주일에 한 번 식재료를 밑 손질해 두고, 요리할 때마다 전자레인지에 가열하는 거예요. 필요할 때 밑 손질한 식재료를 조합해서 쉽고 빠르게 이유식을 만들 수 있어요. 또 적은 양의 이유식을 그때그때 만들기 때문에 남은 재료로 골치 아플 일도 없어요. 재료를 밑 손질할 때 가열하고, 냉동한 뒤 또 한 번 가열하기 때문에 세균에 대한 걱정도 안심이에요.

엄마가 편해야 아기도 행복합니다. 더 이상 복잡한 레시피를 들고 고민하지 마세요. 시간이 없어서, 요리 솜씨가 없어서 시판하는 이유식을 사 먹일까도 고민하지 마세요. 하루 5분만 투자하면 엄마도 즐겁고 아기도 건강해지는 이유식을 만들 수 있으니까요.

이유식 혁명! 엄마들이 물개 박수 치는 냉동이유식 레시피를 공개합니다!

CONTENTS

Part · 1

기본 가이드

Part · 2

꿀꺽기

생후 5~6개월

Part · 3

우물기

생후 7~8개월

Part · 4

냠냠기

생후 9~11개월

Part · 5

생후 12~18개월

아삭기

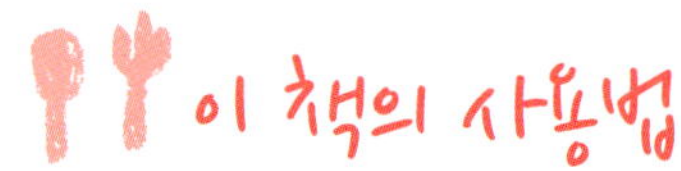

이 책의 사용법

『엄마표 냉동이유식은 다르다』에 실린 모든 레시피는 아래와 같이 구성했어요.
레시피를 보고 따라하기에 앞서 읽어보세요.

❶ 일주일치 메뉴에 대한 식재료 손질법과 냉동 방법을 소개합니다

시기별로 주식(쌀, 빵, 면 등)을 정하고 그에 맞는 채소, 생선, 고기를 조합하여 일주일에 4~6종류의 식재료를 냉동하세요.

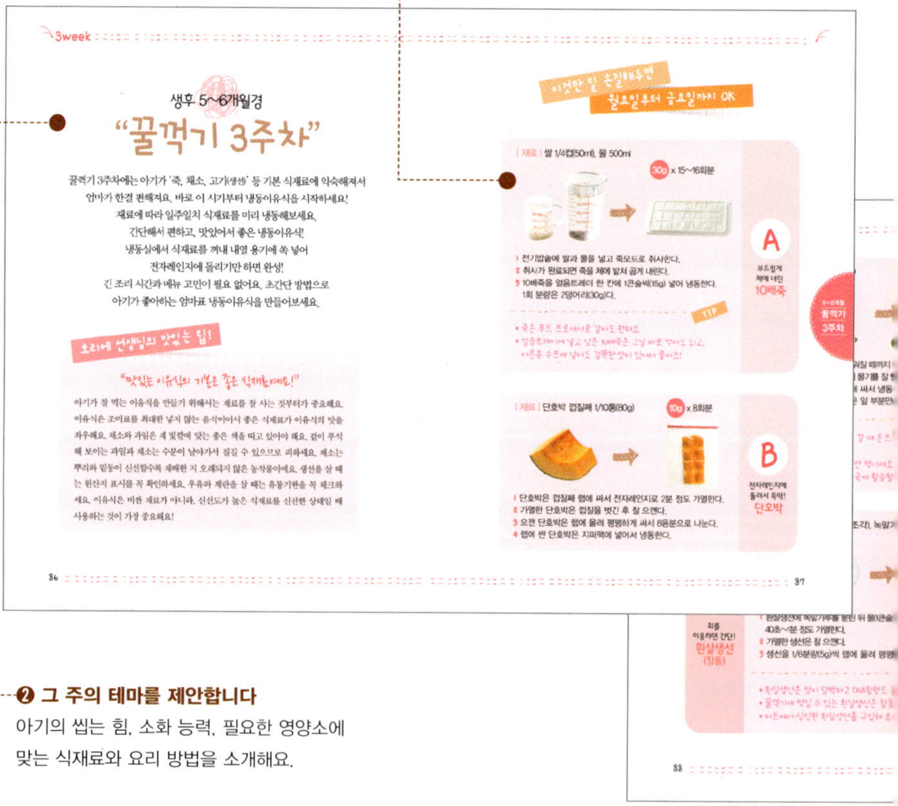

3week

생후 5~6개월경

"꿀꺽기 3주차"

꿀꺽기 3주차에는 아기가 '죽, 채소, 고기(생선)' 등 기본 식재료에 익숙해져서 엄마가 한결 편해져요. 바로 이 시기부터 냉동이유식을 시작하세요! 재료에 따라 일주일치 식재료를 미리 냉동해보세요. 간단해서 편하고, 맛있어서 좋은 냉동이유식! 냉동실에서 식재료를 꺼내 내열 용기에 쏙 넣어 전자레인지에 돌리기만 하면 완성! 긴 조리 시간과 메뉴 고민이 필요 없어요. 초간단 방법으로 아기가 좋아하는 엄마표 냉동이유식을 만들어보세요.

호리에 선생님의 맛있는 팁!

"맛있는 이유식의 기본은 좋은 식재료예요!"

아기가 잘 먹는 이유식을 만들기 위해서는 재료를 잘 사는 것부터가 중요해요. 이유식은 조미료를 최대한 넣지 않는 음식이어서 좋은 식재료가 이유식의 맛을 좌우해요. 채소와 과일은 제 빛깔에 맞는 좋은 색을 띠고 있어야 해요. 겉이 푸석해 보이는 과일과 채소는 수분이 날아가서 질길 수 있으므로 피하세요. 채소는 뿌리와 밑동이 신선할수록 재배한 지 오래되지 않은 농작물이에요. 생선을 살 때는 원산지 표시를 꼭 확인하세요. 우유와 계란을 살 때는 유통기한을 꼭 체크하세요. 이유식은 비싼 재료가 아니라, 신선도가 높은 식재료를 신선한 상태일 때 사용하는 것이 가장 중요해요!

86

이것만 딱 손질해두면 월요일부터 금요일까지 OK

| 재료 | 쌀 1/4컵(50ml), 물 500ml

30g x 15~16회분

1 전기밥솥에 쌀과 물을 넣고 죽모드로 취사한다.
2 취사가 완료되면 죽을 체에 밭쳐 곱게 내린다.
3 10배죽을 얼음트레이 한 칸에 1큰술씩(15g) 넣어 냉동한다. 1회 분량은 2덩어리(30g)다.

TIP
* 죽은 푸드 프로세서로 갈아도 편해요.
* 얼음트레이에 넣고 남은 10배죽은 그날 바로 먹어도 되고, 어른용 수프에 넣어도 걸쭉한 맛이 있어서 좋아요!

A 부드럽게 체에 내린 10배죽

| 재료 | 단호박 껍질째 1/10통(80g)

10g x 8회분

1 단호박은 껍질째 랩에 싸서 전자레인지로 2분 정도 가열한다.
2 가열한 단호박은 껍질을 벗긴 후 잘 으깬다.
3 으깬 단호박은 랩에 올려 평평하게 싸서 8등분으로 나눈다.
4 랩에 싼 단호박은 지퍼팩에 넣어서 냉동한다.

B 전자레인지에 돌려서 뚝딱! 단호박

87

❷ 그 주의 테마를 제안합니다

아기의 씹는 힘, 소화 능력, 필요한 영양소에 맞는 식재료와 요리 방법을 소개해요.

| 이유식 시기별 명칭과 월령 기준 |

꿀꺽기	우물기	냠냠기	아삭기
5~6개월경	7~8개월경	9~11개월경	12~18개월경

❸ 영양소 신호등을 도입했습니다

식재료의 영양소를 알기 쉽게 색상으로 구분해서 표기했어요. 3가지 식품군을 균형 있게 섭취할 수 있도록 도와줘요.

Thursday
시금치 바나나죽
바나나로 시금치의 풀 냄새가 없어지고 달달하게 변신!
시금치 바나나죽
C
시금치 5g(1작은술)
바나나 10g (1/10개)
1 시금치는 냉동된 상태로 강판에 잎 부분을 5g(1작은술) 정도 갈아놓는다.
2 시금치는 랩을 씌워 전자레인지로 20초 정도 가열한다.
3 바나나를 으깬 뒤 시금치를 넣고 잘 섞는다.
다싯물을 넣어서 더 맛있는 일본풍 단호박죽
B
단호박 10g
다싯물 1작은술
1 단호박에 다싯물을 넣고 전자레인지로 30~40초 정도 가열한다.
| 싱싱한 시금치 고르기 |
싱싱한 시금치는 잎사귀가 선명한 푸른색을 띠고, 시금치 뿌리는 붉은 색을 띠고 있어요. 아기가 먹는 것이므로 튼실한 시금치보다는 연하고 어린 시금치를 구하세요.
5~6개월
꿀꺽기
3주차
일본풍 단호박죽
96
97

❹ 한 끼 이유식을 제안합니다

월~금요일까지 하루 중 한 끼 메뉴와 조리법을 소개해요! 마음에 드는 메뉴를 조합하여 새로운 끼니를 만들 수 있어요.

껍질을 제거하고 사용하세요.

● **가루분유**
꿀꺽기 아기에게 우유는 아직 안 돼요! 우유 대신 뜨거운 물에 녹인 가루 분유를 사용하세요.

● **두유**
두부와 같이 부드러운 두유는 꿀꺽기부터 먹일 수 있어요.

● **콩가루**
콩은 밭에서 나는 쇠고기라고 불려요.
식물성 단백질을 공급할 수 있는 최고의 식재료이기 때문이죠. 콩은 아기가 먹을 때 목이 메지 않게 죽과 섞어주세요.

● **다싯물**
미리 만들어둔 다싯물을 이용하면 이유식 만들기가 한결 편할 뿐만 아니라, 감칠맛이 살아나요.(p. 61참조)

5~6개월 꿀꺽기 3주차

89

❺ 보충 식재료를 소개합니다

한꺼번에 많은 재료를 준비하려면 번거롭기 마련이죠. 집에 있는 식재료를 조합해서 맛과 건강을 보충하는 방법을 소개해요.

일러두기

* 1작은술=5ml, 1큰술=15ml, 1컵=200ml입니다.
* 약간은 엄지와 집게로 집어 올린 양으로 한 꼬집 정도를 말합니다.
* 레시피의 '재료'는 1회 분량입니다. 분량은 껍질이나 씨를 제거한 먹을 수 있는 부분의 무게를 나타냅니다.
* 이 책에 나오는 채소의 개, 줌 등의 표기는 작은 크기 채소를 기준으로 합니다.
* 가다랭이포, 캔참치, 낫또 등은 작은 크기 제품을 기준으로 합니다.
* 전자레인지의 가열 시간은 600W일 때의 기준입니다. 500W일 경우에는 가열 시간을 1.2배로 늘려주세요. 또한 전자레인지 기종이나 식재료에 포함된 수분량 등에 따라 가열 시간에 다소 차이가 있으므로 상태를 보면서 가감해주세요.
* 오븐 토스터는 기종에 따라 가열 시간이 다른 것이 있으므로 상태를 보면서 조절해주세요. 재료의 표면이 탈 것 같은 경우에는 알루미늄 포일에 싸서 오븐 토스터에 넣어주세요.
* 레시피의 요리 방법에서 '물에 녹인 분유'란 유아용 분유를 규정량의 물에 탄 것을 말합니다.
* 이유식 진행 방법과 기준량은 후생노동성이 2007년 3월에 발표한 〈수유 · 이유식 지원 가이드〉를 기준으로 했습니다.
* 이 책에 표기된 레시피와 진행 방법은 모두 기준입니다. 아기마다 개인차가 크므로 기준대로 하되, 진행 상황을 봐가며 적절히 조절해주세요.

일주일이 여유로워지는
식재료 손질법과 전자레인지 사용법

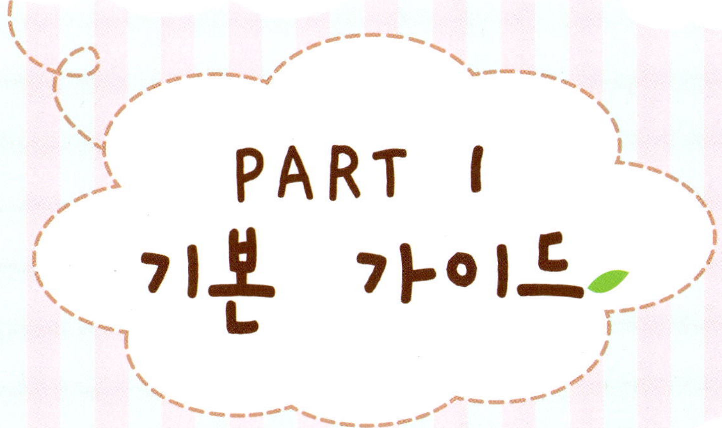

PART 1
기본 가이드

냉동이유식의 개념

사실 아기에게 매일매일 이유식을 만들어 주는 것은 힘들어요. 요리 과정이 복잡할 뿐만 아니라 아기가 먹는 양이 워낙 적기 때문이죠. 그래서 대다수의 엄마들은 나름대로 냉동이유식을 실천하고 있어요. 얼음틀에 죽을 소분해서 냉동하거나, 이유식이 생각보다 많이 남았을 때 냉동실에 얼리고 있어요. 음식을 냉동하면 일정 기간 그대로 상태를 보존할 수 있다는 사실을 누구나 알고 있으니까요. 하지만 그렇다고 음식을 오랫동안 냉동하는 것은 금물이에요. 특히 아기들은 소화와 흡수를 잘하지 못해서 더욱 신경 써야 할 부분이에요. 냉동실에서도 음식은 조금씩 변질되고 있으니까요.

그래서 이 책은 식재료를 냉동해서 해동·가열하는 동안 맛과 영양이 손실되지 않는 일주일분의 냉동이유식을 준비했어요. 일주일에 한 번 장을 봐서 일주일치 식재료를 미리 밑 손질해둡니다. 밑 손질한 식재료는 한 끼 먹을 양을 소분해서 냉동해두어요. 요리할 때마다 냉동한 식재료를 꺼내서 조리하면 빠르고 간단하게 한 끼 이유식이 완성된답니다.

냉동한 식재료를 그때그때 모두 사용하기 때문에 음식이 변할 염려가 없어요. 일주일치 식재료를 구입해서 나눠 쓰기 때문에 한 번 쓰고 남은 식재료를 처리해야 될 걱정도 생기지 않아요. 또한 일주일치 메뉴를 차분히 계획해서 이유식을 만들기 때문에 아기가 영양소를 골고루 섭취할 수 있죠.

냉동이유식의 기본은 식재료를 밑 손질 한 뒤 얼린 다음 요리할 때 전자레인지로 가열하는 것이에요. 이때 엄마들은 질문이 생겨나죠. '전자레인지를 사용하면 우리 아기 건강에 문제없을까요?' 그래서 준비했어요.

전자레인지의 오해와 진실!

전자레인지의 오해와 진실!

영양소가 파괴된다?

모든 식재료는 열을 가하면 영양소가 파괴될 수밖에 없어요. 영양소 파괴는 조리 시간이 길수록, 가열하는 온도가 높을수록 심해져요. 하지만 이유식의 경우 양이 적기 때문에 아주 짧은 시간 동안 전자레인지에 가열하게 되죠. 오히려 전자레인지로 가열하면 태울 염려도 없고 물 사용량이 적기 때문에 다른 가열 방법보다 영양소 파괴가 적어요.

전자레인지로 가열한 음식은 유해 물질을 생성한다?

음식에 유해 물질이 생성되는 것은 열로 조리하는 과정에서 화학작용이 일어나기 때문이에요. 열을 사용해서 요리하는 모든 음식은 화학작용을 피할 수 없죠. 그렇다고 전자레인지로 가열한 음식의 화학작용이 더 심하다는 것은 과학적으로 증명되지 않은 속설이에요.

전자레인지의 마이크로파가 음식에도 영양을 끼친다?

전자레인지의 원리는 마이크로파가 분자를 진동하게 해서 음식을 데우는 것이에요. 마이크로파가 인체에 유해한 방사선을 배출하는 것은 사실이에요. 그러나 전자레인지로 데운 음식에 마이크로파가 들어있지는 않아요. 분자 진동이 일어나기 때문에 음식은 화학적 변화 없이 물리적으로 열을 받기 때문이죠. 전자레인지를 가동할 때 30cm 이상만 거리를 유지하면 유해한 방사선은 충분히 막을 수 있어요. 음식 안에 방사선이 들어가는 것은 아니라는 점, 잊지 마세요!

전자레인지에 사용할 수 있는 그릇

유리, 도자기, 플라스틱(PP) 유리와 도자기는 전자레인지에 안심하고 사용할 수 있어요. 그러나 금속 띠를 두른 도자기는 마이크로파에 불꽃이 일어나기 때문에 사용해서는 안 돼요. 많은 사람들이 플라스틱 용기는 모두 전자레인지에 가열하면 환경호르몬이 검출된다고 알고 있어요. 그러나 사실이 아니에요! 플라스틱 용기 밑면을 살펴 원료가 폴리프로필렌(PP)인지를 확인하세요. 플라스틱 용기 중 폴리프로필렌(PP)으로 만든 것은 전자레인지에 사용 가능해요.

일반 종이, 키친타올 일반 종이류와 키친타올은 전자레인지에 가열해도 안심이에요. 그러나 갈색 종이나 신문지는 탈 수 있으므로 사용해서는 안 돼요.

컵라면이나 요구르트의 용기 원료 폴리스티렌(PS) 컵라면이나 요구르트의 용기를 만드는 폴리스티렌(PS)은 전자레인지에 사용할 수 없어요. 고온에 녹을 수 있기 때문이죠.

멜라민수지로 만든 식기 음식점에서 나오는 하얀색 밥공기나 가벼운 식기류가 멜라민수지로 만든 것이에요. 이것은 전자레인지에 넣으면 포름알데히드라는 인체에 해로운 물질이 나올 수 있으니 사용해서는 안 돼요.

금속 용기, 알루미늄 포일 금속 용기는 마이크로파를 반사시키므로 전자레인지에 절대 사용해서는 안 돼요. 알루미늄 포일도 전자레인지에 돌리면 불꽃을 일으킬 수 있으므로 사용할 수 없어요.

시기에 맞춰 이유식 진행하기

아기 성장에 맞춰 '마시기'에서 '먹기'까지의 연습을 약 1년에 걸쳐 시도하세요. 이유식은 생후 5~6개월경에 시작해서 생후 12~18개월경까지 꿀꺽기, 우물기, 냠냠기, 아삭기로 나뉘어요. 모유나 분유는 갓 태어난 아기에게 있어서는 최고의 영양원이에요. 하지만 생후 6개월경부터는 모유만 먹여서는 철분이나 단백질 등의 중요 영양소 섭취가 부족해져요. 그래서 아기는 본격적으로 음식을 통해 영양소를 섭취해야 할 때가 되죠. 액체만 마셨던 아기가 갑자기 성인이 먹는 것과 같은 단단한 음식을 먹을 수는 없어요. 그러므로 '마시는 식사'에서 '먹는 식사'로 조금씩 익숙해지는 과정이 필요해요. 그 연습 기간에 먹는 것이 바로 '이유식'이에요. 아기의 씹는 힘이나 소화 능력에 맞춰서 식재료의 굳기와 크기를 천천히 바꿔나가세요. 물론 기준 월령에 딱 맞춰서 진행해야 하는 것은 아니에요. 아기에게도 개인차가 있으니까요. 이 책의 진행 시기는 어디까지나 기준을 나타낸 것이에요. 엄마가 아기를 잘 관찰해서 내 아기에 맞는 속도로 천천히 진행하세요.

이런 모습이 보이면 이유식을 시작하세요!

| 생후 5~6개월이 되었다 | 이유식이 너무 빠르면 아기 몸에 부담이 돼요. 그러나 너무 늦어도 영양이 부족해져요. 빠르면 생후 5개월, 알레르기가 걱정되는 아기도 생후 6개월경에는 이유식을 시작하세요.

| 목을 가누고, 지지해주면 앉을 수 있다 | 아기가 순조롭게 발달하는 것을 살피며 이유식을 진행하세요. 아기가 몸을 일으켜서 앉을 수 있게 되면 음식을 받아들일 수 있는 상태가 되었다는 뜻이에요.

| 다른 사람이 먹고 있는 것을 보고, 입을 오물오물한다 | 아기가 입을 '아~' 하고 벌리거나 먹고 싶은 듯이 오물오물하는 것은 입 주변의 근육이 발달해서 씹는 운동을 할 수 있다는 증거에요.

| 아기 입에 손을 콕콕 갖다 대도 크게 반응하지 않는다 | 포유 반사(입술이나 입에 닿은 것을 반사적으로 입에 넣으려는 움직임)가 줄어들면 이유식을 시작해도 된다는 신호예요.

시기별 조리 방법을 당근으로 알아봐요!

걸쭉걸쭉 끈적끈적 갈기 으깨기

| 시기별 이유식 진행표 |

시기	꿀꺽기 | 5~6개월경	우물기 | 7~8개월경
조리 방법	• 걸쭉걸쭉 • 끈적끈적	• 갈기 • 으깨기
아기의 발달	• 지지해주면 앉을 수 있다. • 혀가 앞뒤로밖에 움직이지 않는다. • 아직 치아가 나지 않은 아기가 대부분이다.	• 혼자서 앉을 수 있다. • 혀가 앞뒤뿐만 아니라 위아래로도 움직인다. • 아래쪽 앞니 2개가 나기 시작하는 아기도 있다.
이유식 횟수	• 1일 1회(시작한 후 1개월 지나면 1일 2회로)	• 1일 2회
모유, 분유와 이유식의 밸런스	• 전반 : 모유, 분유 90% 이유식 10% • 후반 : 모유, 분유 80% 이유식 20%	• 전반 : 모유, 분유 70% 이유식 30% • 후반 : 모유, 분유 60% 이유식 40%
이유식의 굳기	**부드럽고, 걸쭉한 정도의 굳기가 좋다** • 모유나 분유만 마셔왔던 아기는 액체보다 약간 걸쭉한 상태의 이유식을 꿀꺽하는 정도가 고작이에요. • 식재료를 체에 밭쳐 거르거나, 강판에 갈아서 부드럽게 조리하세요. 아기가 이유식에 익숙해지면 조금씩 수분을 줄여가며 끈적끈적한 케첩같이 점성 있게 조리하세요.	**몽글몽글한 연두부 정도의 굳기가 좋다** • 아기가 혀를 위아래로 움직이고 위턱으로 음식을 깨물어서 우물거릴 수 있어요. 이 시기 이유식의 굳기는 연두부 정도가 딱이에요. 채소는 손가락으로 가볍게 부서질 정도로 부드럽게 삶은 후 어느 정도 질감이 남을 정도로 으깨세요. • 쉽게 부서지는 생선이나 고기는 약간 걸쭉함이 남도록 조리하세요.

채썰기 크게 채썰기 깍둑썰기 반달썰기 원형썰기

ㅣ냠냠기ㅣ 9~11개월경	ㅣ아삭기ㅣ 12~18개월경
• 채썰기 • 크게 채썰기 • 깍둑썰기	• 반달썰기 • 원형 썰기
• 어딘가를 붙잡고 설 수 있다. • 손으로 무엇이든 덥썩 쥐려고 한다. • 혀가 앞뒤, 위아래뿐만 아니라 좌우로도 움직인다. • 위쪽 앞니가 나기 시작하는 아기도 있다.	• 걸음마를 한다. • 숟가락이나 포크를 사용하려고 한다. • 혀를 자유자재로 움직이며, 입 주변의 근육이 발달한다. • 생후 12개월쯤이 되면 위아래 앞니가 다 난다.
• 1일 3회	• 1일 3회 + 간식
• 전반 : 모유, 분유 35~40% 이유식 60~65% • 후반 : 모유, 분유 30% 이유식 70%	• 전반 : 모유, 분유 25% 이유식 75% • 후반 : 모유, 분유 20% 이유식 80%

바나나와 비슷한 질감의 음식을 잇몸으로 으깨서 먹을 수 있다

- 아기가 혀로 부술 수 없는 크기나 질감의 음식을 잇몸으로 깨물 수 있어요. 잇몸으로 부수는 힘은 아직 약하지만 성인과 거의 비슷하게 씹어 넥를 정도로 성장해요.
- 이유식의 굳기는 손으로 뭉갤 수 있는 완숙 바나나 정도가 적당해요. 두부, 부드럽게 데쳐서 채썬 당근이나 깍둑썬 당근도 적절한 이유식 굳기예요.

삶은 당근을 앞니로 아삭아삭 씹을 수 있다

- 아기는 부드럽게 삶은 원형 당근을 앞니로 잘라낼 수 있어요. 부드럽게 조리된 채소나 고기완자와 같은 음식이 씹는 연습에 가장 적합해요.
- 이유식을 졸업하면 유아식으로 넘어가요. 하지만 어금니가 다 나는 3살까지는 음식을 씹는 힘이 충분하지 않아요. 계속해서 담백한 맛으로 아기가 먹기 쉽게 조리해주세요.

영양 밸런스 맞추기

아기에게 이유식을 만들어줄 때 가장 신경 쓰이는 게 영양소의 조합이죠! 뭘 넣어야 음식의 영양 밸런스가 맞고, 아기의 성장에 도움이 될지 모르겠을 때 엄마의 고민을 해결해줄 비법을 소개해요.

1. 2~3일을 기준으로 3가지 영양 그룹을 골고루 배합한다

꿀꺽기 초기 1개월을 지나 2끼 식사를 할 때부터는 영양 밸런스를 조금씩 의식해서 조리하세요. 어렵게 생각할 필요 없이 에너지원, 비타민 · 미네랄원, 단백질원 3가지 영양 그룹에서 식재료를 1개씩 조합하세요. 예를 들어 채소와 생선이 들어간 죽이라면 단일 메뉴라도 영양 밸런스가 좋아요. 매끼가 아니더라도 2~3일의 식사 전체에서 영양 밸런스를 맞추면 괜찮아요.

2. 냠냠기부터는 이유식의 영양 밸런스를 더욱 신경 써야 한다

냠냠기부터는 하루에 3끼 식사가 되어 먹는 양이 늘어나요. 아기는 대부분의 영양을 이유식에서 섭취하게 되므로 영양 밸런스가 더욱 중요해져요. 철분이 부족하지 않도록 붉은살생선, 붉은살고기, 시금치, 톳 등을 의식해서 메뉴에 넣으세요. 단, 단백질은 성장에 꼭 필요한 영양소이지만 몸에 주는 부담이 크기 때문에 '너무 빨리 주지 않는다', '양을 지킨다'는 생각을 염두해서 메뉴를 구성하세요.

이 책에서는 영양 그룹을 색으로 구분했습니다

● 에너지원 식품 ● 비타민 · 미네랄원 식품 ● 단백질원 식품

● **에너지원 식품**

쌀, 빵, 면류, 감자류 등은 탄수화물(전분류)이 많이 함유된 식품이에요. 탄수화물에 함유된 당질은 근육과 내장, 뇌를 움직이고 체온을 발생시키기 위한 에너지원으로 쓰여요. 탄수화물은 아기가 소화·흡수를 잘 하므로 이유식을 시작할 때 쌀(탄수화물)부터 시작하세요.

이유식 권장 식재료

꿀꺽기

주식은 위장에 부담이 적은 쌀죽부터 시작하세요. 아기가 10배죽에 익숙해지면 감자, 고구마, 바나나도 시도해보세요.

바나나, 감자, 쌀

우물기

7배죽 → 5배죽

생후 6개월부터는 식빵, 우동, 소면을 시도해보세요.

빵, 콘플레이크

냠냠기

5배죽 → 진밥

파스타, 마카로니, 핫케이크, 찐빵을 시도해보세요.

파스타

아삭기

진밥 → 부드러운 밥

냠냠기와 거의 동일해요!

소바(메밀국수), 떡 이외에는 대부분 먹여도 괜찮아요.

● 비타민 · 미네랄원 식품

채소, 과일, 해조, 버섯 등은 비타민 · 미네랄이 풍부하게 함유된 식품이에요. 비타민 · 미네랄원은 피부와 점막을 보호하고 몸 상태를 조절해줘요. 채소는 알레르기 걱정이나 아기 몸에 부담이 별로 없으므로 먹기 쉽게 조리하면 적극적으로 이유식에 넣어도 괜찮아요.

이유식 권장 식재료

꿀꺽기 걸쭉하게 조리할 수 있는 채소라면 무엇이든 괜찮아요! 색이 짙은 녹황색 채소는 영양가가 높으므로 꼭 먹이세요. 대부분의 채소는 꿀꺽기부터 쭉 먹일 수 있어요.

단호박, 당근, 시금치, 브로콜리

우물기 섬유질이 많은 잎채소는 잘 먹지 못하므로 다져서 먹이세요. 톳이나 김도 먹일 수 있어요.

냠냠기 섬유질이 많은 버섯, 단단한 연근 등의 뿌리채소, 미역도 도전해보세요!

아삭기 냠냠기와 거의 동일해요.

● 단백질원 식품

인체를 구성하는 단백질은 매일매일 성장하는 아기에게 없어서는 안 될 중요한 영양소예요. 단백질원 식품은 두부, 낫또 등 '식물성'과 생선, 육류, 달걀, 유제품 등 '동물성'을 균형 있게 먹이는 것이 이상적이에요. 아기에게 지방이 적은 단백질원 식품부터 익숙해지게 도와주세요.

이유식 권장 식재료

꿀꺽기 소화 · 흡수가 잘되는 두부는 초기 이유식의 단백질원 식품으로 권장해요. 생선은 참돔 등 흰살생선이나 소금기를 뺀 마른 멸치가 적절해요.

두부, 마른 멸치

우물기 연한 닭가슴살, 닭가슴살, 닭다리살, 붉은살생선, 달걀노른자, 낫또, 우유 등이 적절해요.

닭가슴살, 낫또, 우유

냠냠기 소고기 붉은살, 돼지고기 붉은살, 저민 돼지고기, 저민 소고기와 전갱이나 정어리 등 등푸른생선이 적절해요.

등푸른생선

아삭기 방어나 고등어는 소량부터 먹이세요. 오징어, 문어는 부드럽게 조리해서 먹이면 괜찮아요. 회, 어패 가공품 이외는 대부분 괜찮아요.

아기가 먹는 한 끼의 기준량

		에너지원 식품				
		밥	식빵	우동	감자	바나나
꿀꺽기 5~6개월경 1일 1회 → 1일 2회	전반 ▼ 후반	미음 1큰술부터 시작 적정량 (미음 40g 정도)	생후 6개월 이후부터 무난 빵죽 1큰술부터 시작 적정량(5g 정도)	생후 6개월 이후부터 무난 1큰술부터 시작 적정량 (15g 정도)	1큰술부터 시작 적정량 (20g 정도)	1큰술부터 시작 적정량 (20g 정도)
우물기 7~8개월경 1일 2회	전반	5배죽, 7배죽 50g	15g	35g 파스타는 아직 먹이지 않는다	45g	40g
	후반	5배죽, 7배죽 80g	20g	55g 파스타는 아직 먹이지 않는다	75g	65g
냠냠기 9~11개월경 1일 3회	전반	5배죽 90g	25g	60g 파스타 15g	85g	75g
	중반	4배죽 70g	25g	70g 파스타 20g	95g	85g
	후반	진밥 80g	35g	90g 파스타 25g	125g	110g
아삭기 12~18개월경 1일 3회 + 간식 1~2회	전반	진밥 90g	40g	105g 파스타 30g	140g	125g
	후반	밥 80g	50g	130g 파스타 35g	175g	155g

이유식 한 끼의 기준량을 표로 나타냈어요. 먹는 양이나 이유식 진행 속도는 개인차가 있으므로 기준을 보고 아기의 반응을 살펴 유동적으로 정하세요. 표는 어디까지나 기준이라는 것을 잊지 마세요.

비타민 · 미네랄원 식품		단백질원 식품					
채소 (단호박)	과일 (사과)	두부	생선	달걀	유제품 (플레인 요거트)	고기 (닭가슴살)	낫또
1큰술부터 시작 적정량 (10g 정도)	1큰술부터 시작 적정량 (5g 정도)	1큰술부터 시작 적정량 (25g 정도)	1큰술부터 시작 적정량 (10g 정도)	아직 먹이지 않는다	유아용 분유 이외는 먹이지 않는다	아직 먹이지 않는다	아직 먹이지 않는다
15g	5g	30g	10g	달걀노른자 1큰술부터 시작	50g 우유 55ml	10g	12g
20g	10g	40g	15g	달걀노른자 1개 달걀 1/3개	70g 우유 75ml	15g	16g
20g	10g	45g	15g	달걀 1/2개	80g 우유 90ml	15g	18g
30g	10g						
30g	10g	50g	15g	달걀 1/2개	100g 우유 110ml	15g	20g
40g	10g	55g	20g	달걀 2/3개		20g	22g

냉동의 7가지 룰

아기는 세균에 대한 저항력이 약하므로 식재료를 냉동할 때 어른 것보다 더욱 주의가 필요해요. 하지만 다음 7가지 룰을 지킨다면 누구나 건강한 냉동 이유식을 실천할 수 있어요.

Rule 1 신선한 상태로 냉동한다

식재료는 신선도가 떨어지면 맛도 떨어져요. 맛이 떨어지는 식재료를 냉동해서 요리하면 당연히 아기도 싫어해요. 신선한 재료를 골라서 가능하면, 재료를 산 당일에 맛도 좋고 영양가도 풍부한 상태로 냉동하세요.

식재료 선택도 중요!

Rule 2 확실히 식혀서 냉동한다

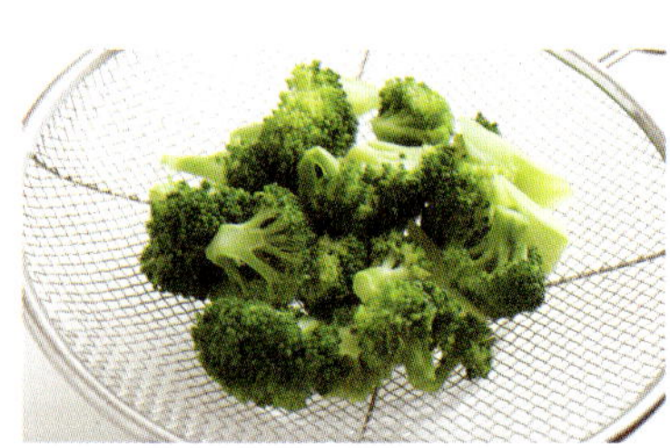

가열한 식재료는 반드시 식힌 후에 소분해서 냉동하세요. 김이 나는 상태에서 냉동하면 맛이 떨어져요. 단, 밥의 경우 금방 지은 밥을 밀폐한 상태로 식히고 난 뒤 냉동하세요.

식재료를 식히지 않고 그대로 얼리면 이슬이 맺혀 맛이 떨어져요. 뿐만 아니라 냉동실의 온도가 올라가서 다른 식품이 상하는 원인이 돼요.

밥은 김이 서린 채로 밀폐하세요.

Rule 3 확실히 밀폐해서 냉동한다

음식을 얼어 터지지 않게 하기 위해서는 확실히 밀폐하는 방법밖에 없어요. 냉동의 적은 단언컨대 공기예요. 봉투에 공기가 들어가면 식재료의 수분이 빠져나가거나 산화돼서 맛이 떨어져요. 식재료를 냉동할 때는 지퍼백을 평평하게 만들어서 공기를 빼내세요. 공기를 빼내기 힘든 식재료는 빨대로 공기를 흡입해서 밀폐 상태로 만드세요.

빨대로 공기를 빼내세요.

Rule 4 1회 사용할 분량씩 소분해서 냉동한다

식재료를 소분해서 냉동만 해두면 조리 시간이 짧아져요. 손질한 식재료는 1회 사용할 분량씩 나눠서 냉동하는 것을 권장해요. 소분해서 냉동하면 해동이 빨리 되고, 사용할 때 계량하는 수고가 없어서 편해요. 봉지로 냉동할 경우 등분하는 경계선을 만들어놓으면 잘라서 꺼내기 쉬워진답니다.

젓가락으로 경계선을 만들어놓으세요.

Rule 5 냉동한 식재료는 반드시 일주일 안에 다 사용한다

냉동한 식재료는 냉장한 식재료보다 장기 보존이 가능하지만 냉동실 안에서도 조금씩 열화가 진행돼서 변질돼요. 이유식은 맛에 민감하고 세균 저항력이 약한 아기가 먹는 것이므로 일주일 안에 다 사용할 수 있는 분량만 냉동하세요. 냉동할 때 식재료명과 날짜를 메모해 두면 깜빡 잊고 사용하지 않는 것을 방지할 수 있어요.

식재료명과 날짜를 써놓아요.

Rule 6 아기에게 먹일 때는 재가열이 기본!

재료를 가열해서 냉동했어도 냉동실 안에서 잡균이 번식할 수 있어요. 그래서 다시 한번 가열해서 먹이는 것이 냉동이유식의 기본이에요. 재료를 자연 해동하면 물이 생기기 쉬워요. 재료를 얼린 상태 그대로 전자레인지에서 한번에 해동 · 가열하면 맛있는 요리가 만들어져요.

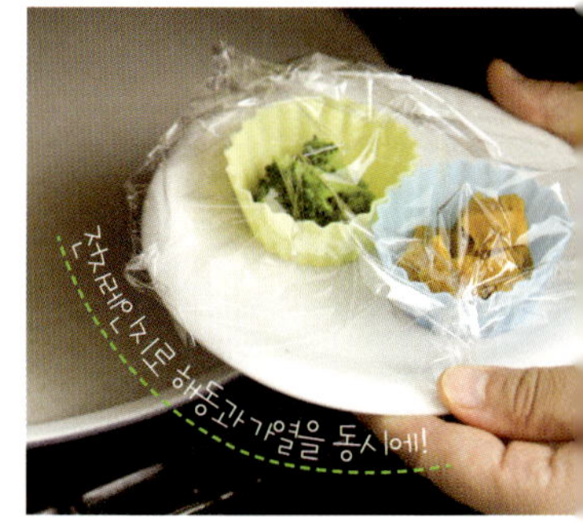

전자레인지로 해동과 가열을 동시에!

Rule 7 조리 기구는 청결하게 유지한다

무조건 냉동한다고 해서 세균이 죽지 않아요. 식재료를 손질할 때는 손이나 조리 기구를 깨끗이 씻어서 항상 청결을 유지하세요. 특히 식재료가 직접 닿는 도마나 칼은 세균이 번식하기 쉬우므로 뜨거운 물로 꼼꼼히 소독하세요.

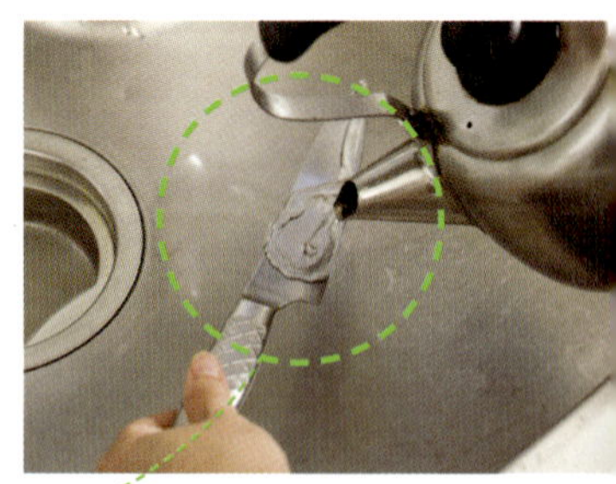

도마와 칼을 뜨거운 물로 소독하세요.

냉동 아이템 도감

소량씩 냉동할 수 있는 아이템을 몇 가지 준비해놓으면 편리해요!
식재료 모양과 양에 맞춰서 사용하기 편한 것을 찾아보세요.

▶ 수분이 많은 것은 큐브 형태로 얼음틀

얼음틀은 육수 같은 액체나 끈적끈적한 식재료를 소량으로 나누는 데 최고의 아이템이죠! 큐브 하나가 1큰술 정도예요. 용량을 알아두면 사용하기 편해요.

- 다싯물, 수프
- 채소퓌레
- 10배죽

▶ 얇고 평평하게 공기를 빼고 밀폐할 때 지퍼백

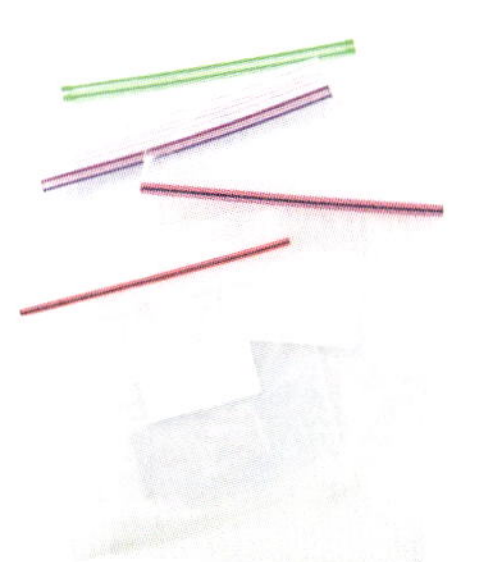

식재료가 두툼하면 1회 분량을 딱 잘라서 꺼내기 힘들어요. 그래서 지퍼백에 얇고 평평하게 냉동하는 것이 비결이에요! 식재료가 겹치지 않게 나란히 넣으세요.

- 으깬 단호박, 감자류
- 풀어지기 쉬운 채소, 생선 · 육류
- 랩으로 싼 식재료

▶ 꼭꼭 감싸줘서 소량 보관에 만능 선수! 랩

랩은 액체 상태가 아니면 뭐든지 싸서 소량 보관할 수 있어 이유식에서 대활약하는 아이템이죠! 이유식은 소량이므로 작은 사이즈의 랩이 보관하기 편리해요.

- 죽, 면류, 식빵
- 모양을 갖춘 채소, 생선 · 육류
- 기타, 무엇이든지!

랩은 눈에 보이지 않는 구멍으로 공기가 들어가요. 그러므로 랩에 싼 식재료는 한 번 더 지퍼백에 넣어 보관하세요.

▶ 전자레인지 사용에 적합하고, 반복해서 쓸 수 있어 경제적인 실리콘 컵

내한 · 내열성이 뛰어난 실리콘 컵은 전자레인지 조리에 적합한 용기예요. 씻어서 다시 사용할 수 있다는 점도 경제적이죠. 실리콘 컵은 원하는 크기로 선택해서 사용하세요.

- 소량의 죽
- 참치 등 물기가 있는 식재료
- 자르지 않고 냉동하고 싶은 채소

뚜껑이 있는 실리콘 컵은 전용 용기도 있어요. 집에 있는 보존 용기에 실리콘 컵을 넣어도 괜찮아요.

▶ 1회분을 용기 그대로 전자레인지에 돌린다! 소분 용기

죽, 우동 등의 주식이나 수프를 냉동할 때, 채소를 소량으로 보관할 때는 소분 용기가 편리해요. 냉동해도 괜찮은지, 전자레인지에 가열해도 문제없는 그릇인지 확인 후에 사용하세요.

- 1회분의 죽, 면류
- 채소수프, 조림
- 그밖에 1회 분량의 식재료 보관에 사용

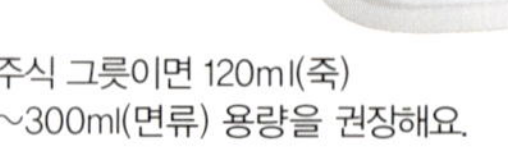

주식 그릇이면 120ml(죽)~300ml(면류) 용량을 권장해요.

가장 빠르고 간편한 식재료별 가열법

식재료마다 알맞은 가열 과정이 따로 있어요. 식재료별 적절한 가열 도구만 알아두어도 밑 손질해서 가열하는 것이 훨씬 빠르고 간편해져요.

technique · 1

감자류, 생선이나 육류를 가열할 때는 전자레인지가 딱이죠!

전자레인지는 마이크로파라고 불리는 전자파가 식품을 내부부터 가열해요. 전자레인지를 이용하면 냄비로 물을 끓일 필요가 없어요. 단시간에 식재료의 영양과 맛을 잃지 않고 가열할 수 있는 것이 전자레인지의 특징이죠. 때문에 전자레인지는 소량의 이유식을 가열할 때 굉장히 편리해요! 삶는 데 시간이 걸리는 감자류나 단호박, 부서지기 쉬운 생선이나 육류 등에 전자레인지를 활용해보세요. 단, 마이크로파는 유리 제품이나 도자기 그릇은 통과하여 식재료를 가열할 수 있지만 금속 제품은 반사하므로 사용할 수 없다는 점을 유의하세요.

생선 살이 푸석푸석해지지 않아요.
육질이 통통~

| 생선 · 고기 |

녹말가루를 묻힌 다음 물을 조금 넣어 전자레인지에 돌리면 푸석푸석해지지 않는다

생선이나 육류는 가열하면 굳어서 푸석푸석해지므로 뱉어내는 아기도 있어요. 이를 해결할 수 있는 테크닉은 고기에 '녹말가루+물'을 넣어서 가열하는 것! 녹말가루로 인해 생선과 육류가 촉촉해지고 부드러워진답니다. 회, 토막생선, 저민고기, 다진고기, 닭고기 등 모든 고기에 응용 가능해요(p. 306 참조).

| 단호박 · 감자류 |

100g에 랩을 씌워 전자레인지로 2분 정도 돌리면 먹음직스럽게 완성!

단호박, 통감자, 토란을 가열할 때는 전자레인지가 간편해요. 씻어서 물기가 있는 상태로 껍질째 랩을 씌워 '100g당 2분(600W)'을 기준으로 가열하세요. 가열 시간은 무게에 비례해요. 예를 들어 150g이라면 3분, 200g이라면 4분 정도가 적절해요! 20, 30g 등의 소량보다는 100g(적어도 50g) 이상으로 돌려야 실패 없이 가열할 수 있어요. 단호박과 감자류는 가열하면 껍질이 잘 벗겨진답니다.

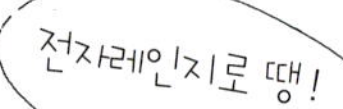

전자레인지의 와트(W)별 가열시간 대응표

600W	500W
30초	40초
50초	1분
1분	1분 10초
1분 30초	1분 50초
2분	2분 20초
2분 30초	3분

전자레인지의 와트에 따라 가열 시간이 달라져요. 이 책에서는 600W를 기준으로 레시피를 표기했어요. 500W의 경우 가열 시간을 1.2배로 해주세요. 높은 와트에서 가열할수록 가열 얼룩이 생기기 쉬우므로 날것의 식재료를 조리할 때는 500~600W 정도 전자레인지를 사용하는 것을 권장해요.

바로 사용할 수 있는 형태로 냉동하기!

▶ 막대 형태로 얼린다 → 갈기만 하면 된다

사진처럼 식재료를 막대 형태로 만들어서 손에 쥘 수 있는 굳기로 얼리세요. 조리할 때 막대를 잡고 필요한 만큼 갈아서 사용하면 간편해요.

꿀꺽기의 당근, 시금치, 마른 잔멸치 등

▶ 체에 밭쳐 내린 다음 냉동한다 → 전자레인지에 돌리기만 하면 된다

이유식을 막 시작했을 때는 10배죽과 채소 모두 부드럽게 체에 밭쳐 내린 다음 냉동하세요. 흰살생선은 체에 내리기 어렵기 때문에 잘 으깨주세요.

꿀꺽기의 10배죽, 단호박, 브로콜리 등

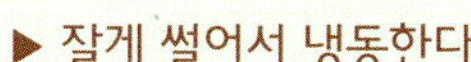

▶ 잘게 썰어서 냉동한다 → 전자레인지에 돌리기만 하면 된다

우물기부터는 죽을 그대로 냉동하세요. 하지만 채소, 면류, 육류 등은 각 시기에 따라 알맞게 썰어서 냉동하세요. 한꺼번에 식재료를 썰어두면 조리할 때 간편해요!

채소, 면류, 잘게 썬 고기 등

technique · 2

뿌리채소나 잎채소를 부드럽게 익힐 때는 냄비에 삶는 게 딱이죠!

단단한 뿌리채소나 섬유질이 있어 씹기 힘든 잎채소, 줄기가 단단한 브로콜리, 쫄깃쫄깃한 파스타 등은 전자레인지보다는 냄비로 삶는 게 더 효율적이에요. 뿌리채소와 잎채소는 손으로 부서질 정도로 흐물흐물하게 가열해야 아기가 소화할 수 있어요. 특히 꿀꺽기, 우물기는 아직 아기가 잇몸을 사용해서 씹지 못하므로 식재료를 최대한 부드럽게 익히는 것이 중요해요.

| 뿌리채소 | 둥글게 썰어서 물에 삶는다

당근, 무 등은 1cm 두께로 둥글게 썬 후 잠길 정도의 물을 붓고 삶아주세요. 뿌리채소는 뜨거운 물에 데치면 외부만 불이 닿아서 중심은 제대로 익지 않아요. 그래서 처음부터 물을 넣고 삶는 것이 중요해요.

| 잎채소 | 뿌리 끝부터 끓는 물에 삶는다

시금치, 소송채 등 푸른 잎채소는 뿌리 끝부터 충분히 잠길 정도의 뜨거운 물에 넣고 오랫동안 데치세요. 오래 데치면 부드러워질 뿐만 아니라 떫은맛이 빠져나가요.

| 면류 | 끓는 물에 삶는다

우동, 소면, 파스타 등의 면류는 기준 시간보다 더 오랫동안 삶아서 어른이 먹을 때보다 부드럽게 만들어주세요. 파스타는 어른의 메뉴일 경우 소금을 넣지만 아기를 위한 이유식일 경우에는 소금 없이 뜨거운 물에 삶아주세요.

technique·3

죽, 푹 익히는 뿌리채소는 전기밥솥이 딱이죠!

죽은 냄비에 끓여도 되지만 밥솥의 버튼 하나로도 충분히 맛있는 죽을 만들 수 있어요. 그러므로 바쁜 엄마들에게 전기밥솥 이용을 적극 추천해요. 또한 푹 익히면 더욱 맛있어지는 뿌리채소도 전기밥솥으로 조리하는 게 간편해요.

| 죽 | 밥솥의 '죽모드'로 조리한다

밥솥의 '죽' 버튼을 누르면 자동으로 죽이 돼요. '밥모드'로 가열하면 수분이 증발해서 죽이 안되므로 주의가 필요해요!

| 뿌리채소 · 단호박 · 감자류 |

밥할 때 같이 넣어서 조리하다

뿌리채소나 단호박, 감자류는 어른이 먹을 밥을 지을 때 전기밥솥에 같이 넣고 '취사' 버튼을 누르

세요. 취사가 완료 되었을 때 재료를 꺼내면 알맞게 익어있어요. 식재료를 알루미늄 포일에 싸서 전기밥솥에 넣으면 밥에 맛이 배는 것을 방지할 수 있어요.

technique · 4

냉동 후에 가열하면 좋은 것! 날것 그대로가 딱이죠!

바로 해동 · 가열할 수 있는 토마토, 과일, 식빵은 날것 그대로 냉동하세요. 밑손질이 필요 없는 통조림도 그대로 냉동해도 괜찮아요. 아기에게 먹일 때는 식재료를 확실히 가열해서 내부까지 잘 익도록 신경 써주세요.

| 식빵 · 토마토 | 사용하기 쉽게 잘라서 지퍼백에 넣는다

토마토는 냉동 후 물에 적시기만 하면 쉽게 껍질이 벗겨지므로 껍질째로 냉동하세요.

| 통조림 | 1회 분량씩 소분해서 지퍼백에 넣는다

참치, 옥수수콘 등은 기본 조리가 되어있는 식품이므로 소분해서 냉동하기만 하면 돼요(단, 옥수수콘의 경우 껍질이 신경 쓰이면 체에 밭쳐 내린 뒤 냉동하세요).

일주일이 여유로워지는 식재료별 밑 손질법

이유식에서 자주 사용하는 식재료를 골라 밑 손질법을 정리했어요. 시기에 따른 이유식 형태를 알아보고, 식재료를 밑 손질한 뒤 냉동해보세요. 밑 손질만 잘해도 영양 만점 이유식을 간단하고 쉽게 만들 수 있어요!

주식

에너지원 식품은 몸과 뇌를
움직이는 힘이 돼요!

에너지원 식품

아기가 쌀죽에 익숙해지면 면류나 식빵, 감자류로 범위를 넓혀 먹여보세요.

주식은 1회분씩 소분 용기에 담아 냉동하세요.

| 죽 | 일주일치 분량을 한꺼번에 만들어두면 맛있고 효율적이다

죽은 소량을 만들 경우 수분이 증발해서 끓이기 어려우므로 일주일치 분량을 한꺼번에 만드세요. 밥은 지어서 뜨거울 때 밀폐 용기에 나누어 담고, 식으면 냉동하는 것이 철칙! 이것만 지키면 해동 · 가열했을 때 갓 지어낸 것 같은 맛있는 밥을 먹일 수 있어요. 식은 밥을 담아서 냉동한 후 전자레인지에 돌리면 갓 지은 것 같은 밥맛을 절대 느낄 수 없어요.

| 우동 | 봉지에 들어있는 생우동이 간편하다!

한번 삶아진 생우동을 이용하면 간편해요. 꿀꺽기는 우동을 막대 형태로 잘라서 그대로 냉동하세요. 얼린 우동은 조리할 때 강판에 갈아서 사용하세요. 우물기부터는 우동을 잘게 잘라서 뜨거운 물에 데치세요.

우동은 잘라서 데치는 것이 편해요!

| 죽 손질 과정 |

꿀꺽기 | 10배죽 혀에 부드럽게 닿는 포타주 상태로!

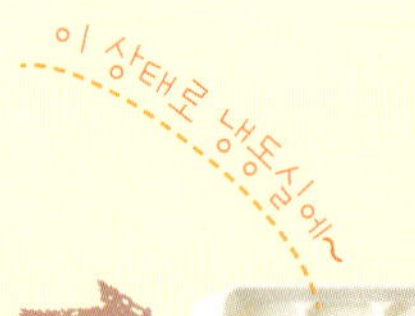

냉동한 죽이 얼음틀에서 잘 안 빠지면 나이프를 이용해서 빼 주세요.

쌀1 : 물10 비율로 죽을 끓여서 체에 밭쳐 내리거나, 강판에 갈아서 얼음틀에 넣는다.

우물기 | 7배죽 쌀을 손으로 뭉개면 쉽게 부서지는 굳기로! 수분이 많으며 묽은 상태로!

or

쌀1 : 물7 비율로 죽을 끓여서 1회 분량씩 랩으로 싸거나, 소분 용기에 넣는다.

냠냠기 | 5배죽 쌀알은 남아있지만 걸쭉하고 부드러운 상태로!

or

쌀1 : 물5 비율로 죽을 끓여서 1회 분량씩 랩으로 싸거나, 소분 용기에 넣는다.

아삭기 | 진밥 일반 밥보다 부드러운 상태로! 아기가 씹는 힘에 맞춰서 수분량을 조절!

쌀1 : 물3~2 비율로 밥을 지어서 1회 분량씩 랩으로 싸거나, 소분 용기에 넣는다.

| 우동 손질 과정 |

꿀꺽기 후반
우동을 손에 쥐기 쉽게 3cm 폭의 막대 형태로 자른 뒤 랩으로 싸서 냉동한다.
우동은 요리할 때 얼린 상태 그대로 강판에 갈아서 사용한다.
우물기
이 정도의 굵기
이 상태로 냉동실에~
우동을 2mm 길이로 잘게 썰어서 1회 분량씩 랩으로 싼다.
냠냠기
우동을 1~2cm 길이로 잘라서 1회 분량씩 소분 용기에 넣는다.
아삭기
우동을 2~3cm 길이로 잘라서 1회 분량씩 소분 용기에 넣는다.

| 파스타 |

뜨거운 물에 흐물흐물할 때까지 삶은 다음 아기가 먹기 쉽게 자른다

파스타는 소금을 넣지 않은 뜨거운 물에 기준 시간보다 오래 삶아요. 숏파스타 면은 삶는 시간이 짧아 편해요. 마카로니도 도전해보세요. 마카로니는 쫄깃쫄깃해서 냠냠기 후반부터 아기에게 먹이는 것이 무난해요.

파스타는 기준 시간보다 오래 삶아서 흐물흐물한 상태로 만든다.
꿀꺽기, 우물기에는 먹이지 않는다.

* 냉동할 때의 형태는 우동을 참조(p. 41)

| 소면 | 손으로 뚝뚝 잘라서 삶으면 편하다

소면은 의외로 염분이 많으므로 흐물흐물하게 삶아서 우물기부터 먹일 수 있어요. 물에 닿지 않은 소면은 손으로 뚝뚝 자르면 균일한 길이가 돼요. 소면을 잘라서 삶으면 도마와 칼을 사용하지 않아도 돼서 편해요!

* 냉동할 때의 형태는 우동을 참조(p. 41)

| 식빵 | 냉동 · 해동이 모두 빠르므로 냉동이유식에 적격이다

냠냠기까지는 식빵을 1cm 길이의 스틱 형태로 잘라서 냉동하세요. 이렇게 하면 원하는 양을 꺼내서 조리하기 편해요. 식빵은 강판에 갈거나, 손으로 찢거나, 손에 잡히는 크기로 굽는 등 다양하게 사용 가능해요.

| 식빵 손질 과정 |

꿀꺽기
식빵은 요리할 때 얼린 상태 그대로 강판에 갈아서 사용한다.
우물기
냠냠기
아삭기

식빵은 스틱 형태로 잘라서 냉동한다.
식빵 테두리는 잘라서 먹기 쉽게 조리한다.

롤샌드위치나 모양 내기를 할 수 있도록 식빵 그대로 냉동한다.

| 감자, 고구마 | 전자레인지나 전기밥솥으로 간단히 조리한다

감자는 1개(150g)를 전자레인지(600W)로 3분 정도 가열하는 것이 기준이에요. 감자와 고구마는 가열하면 껍질이 잘 벗겨져요. 고구마는 알루미늄 포일에 싸서 전기밥솥에 쌀과 같이 넣고 가열하면 단맛이 더해져 더욱 맛있어요.

감자와 고구마는 랩에 싸서 전자레인지로 돌리면 껍질이 잘 벗겨진다.
고구마를 쌀과 함께 넣고 밥을 지을 때, 밥물 양은 기존의 양 그대로 한다.

* 냉동할 때의 형태는 단호박을 참조(p. 45)

비타민 · 미네랄원 식품(채소 · 과일)

피부와 점막을 강화시켜요!

채소나 과일은 먹기 쉽게 밑 손질만 해놓으면 꿀꺽기부터 대부분 먹일 수 있어요. 채소와 과일을 알맞게 냉동만 해두면 다채로운 메뉴가 간단히 완성돼요!

| 단호박 | 100g 이상을 전자레인지에 돌리는 것이 간단하고 효율적이다

전자레인지는 소량의 가열이 어려우므로 단호박은 100g(1/8개), 적어도 50g(1/16개) 이상을 가열하세요. 단호박은 씨와 속을 제거한 뒤 껍질째 랩을 씌워 100g당 2분(600w) 정도 가열하는 것이 기준이에요. 가열한 단호박은 껍질을 벗긴 후 과육을 으깨거나 잘라서 요리하세요.

| 당근, 무 | 찬물에서부터 부드럽게 삶으면 부수기 쉽고 자르기 쉽다

꿀꺽기에는 당근을 세로로 4등분하고, 우물기에는 당근을 1cm 두께로 둥글게 썰어주세요. 썬 당근을 찬물에 넣고 부드러워질 때까지 삶으세요. 익힌 당근은 랩에 싼 다음 손으로 으깨주세요. 당근을 전자레인지로 가열하는 것은 씹는 힘이 생기는 아삭기부터 시도하세요.

익힌 당근을 랩에 싼 채로 으깬다.

| 단호박 손질 과정 |

꿀꺽기

이 정도의 굳기

이 상태로 냉동실에!

단호박을 부드럽게 가열해서 체에 밭쳐 내린 다음 랩에 싸서 1회 분량씩 경계를 만들어준다.

우물기

단호박을 부드럽게 가열한 다음 잘게 으깨서 1회 분량씩 랩에 싼다.

냠냠기

단호박을 부드럽게 가열한 다음 7mm 크기로 깍둑썰어 1회 분량씩 랩에 싼다.

아삭기

단호박을 부드럽게 가열한 다음 손에 쥘 수 있을 정도의 크기로 잘라 1개씩 랩에 싼다.

| 당근, 무 손질 과정 |

꿀꺽기
당근을 부드러워질 때까지
삶은 다음 막대 형태로 냉동한다.
당근은 요리할 때 얼린 상태 그대로
강판에 갈아서 사용한다.
우물기
이정도의 굳기
이 상태로 냉동실에!
당근을 둥글게 썰어서
삶은 다음 잘게 잘라서
1회 분량씩 랩에 싼다.
냠냠기
당근을 둥글게 썰어서
삶은 다음 5mm 크기로
깍둑썰어 1회 분량씩
랩에 싼다.
아삭기
당근은 은행잎 모양으로
썰어 1회 분량씩
소분 용기에 넣는다.

| 시금치, 소송채 |

끓는 물에 부드러워질 때까지 데친 다음 가로세로로 썬다

꿀꺽기와 우물기는 시금치와 소송채의 잎 끝부분만 먹이세요. 줄기 부분은 질겨서 아직 아기가 먹지 못해요. 냠냠기부터는 시금치와 소송채의 줄기까지 먹어도 괜찮아요. 시금치와 소송채는 끓는 물에 데쳐서 떫은맛이 빠지면, 세로로 썬 다음 가로로 또 한 번 썰어서 섬유질을 끊어주세요. 잘게 썰어 큰 덩어리가 남지 않도록 만드세요.

시금치와 소송채는 가로세로로 썰어서 먹기 쉽게 만든다.

| 토마토 | 씨를 제거하고 8등분해서 냉동한 다음 껍질을 벗긴다

토마토는 가로로 반을 잘라서 씨를 제거한 뒤 8등분으로 나눠서 냉동하세요. 냉동한 토마토는 물을 묻히면 스르륵 껍질이 벗겨져요. 토마토는 요리할 때 가열하세요.

빨대로 공기를 빨아내서 지퍼백을 딱 밀착시킨다.

| 시금치, 소송채 손질 과정 |

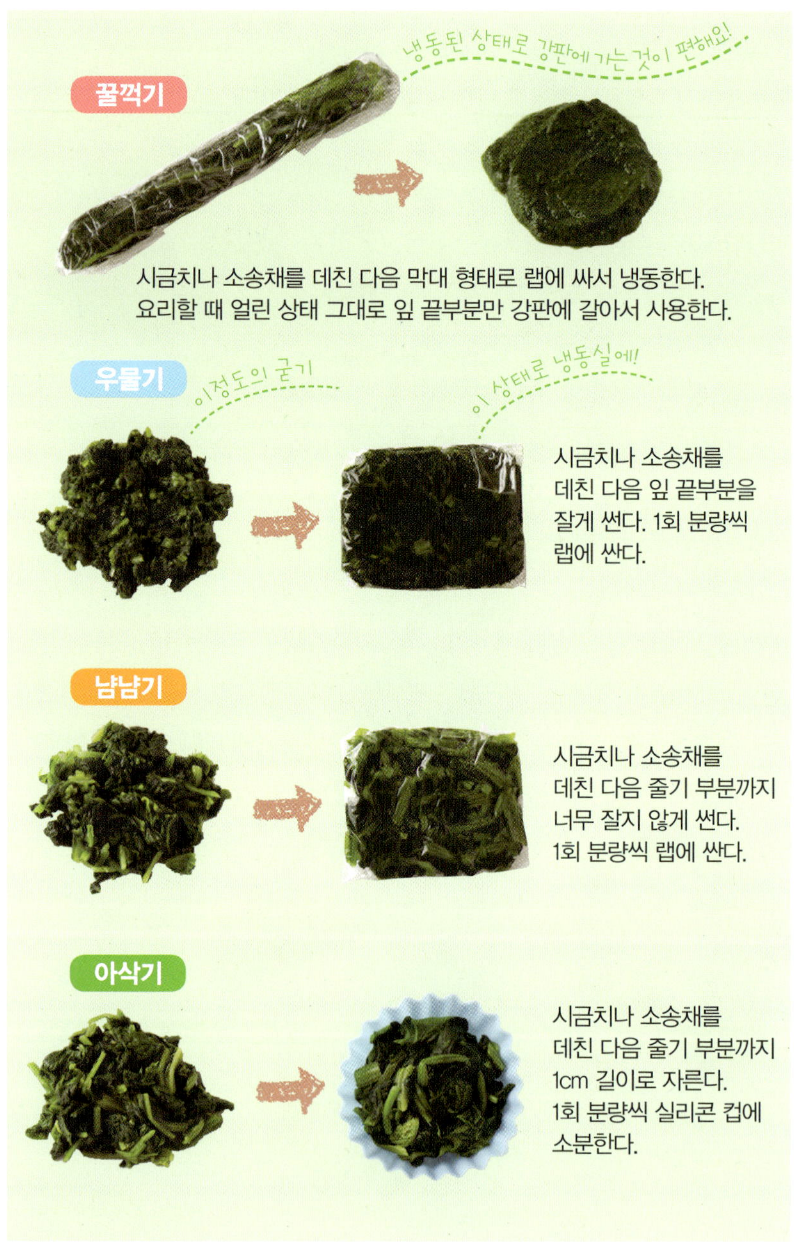
꿀꺽기
냉동된 상태로 강판에 가는 것이 편해요!
시금치나 소송채를 데친 다음 막대 형태로 랩에 싸서 냉동한다.
요리할 때 얼린 상태 그대로 잎 끝부분만 강판에 갈아서 사용한다.
우물기
이정도의 굵기
이 상태로 냉동실에!
시금치나 소송채를 데친 다음 잎 끝부분을 잘게 썬다. 1회 분량씩 랩에 싼다.
냠냠기
시금치나 소송채를 데친 다음 줄기 부분까지 너무 잘지 않게 썬다. 1회 분량씩 랩에 싼다.
아삭기
시금치나 소송채를 데친 다음 줄기 부분까지 1cm 길이로 자른다. 1회 분량씩 실리콘 컵에 소분한다.

| 양배추 | 뚜껑을 덮고 찌면 잎이 부드러워진다

양배추는 단단한 심과 잎맥을 제거한 뒤 잎을 큼직하게 썰어서 끓는 물에 데치세요. 꿀꺽기는 데친 양배추를 강판에 갈아서 냉동하고, 우물기부터는 잘게 썰어서 냉동하세요.

뚜껑을 덮고 찌는 것이 비결이에요!

* 냠냠기부터의 형태는 시금치를 참조(p. 48)

| 브로콜리 |

부드럽게 데쳐서 시기에 따른 형태로 만든다

꿀꺽기에는 브로콜리 끝부분을 강판에 갈고, 우물기에는 브로콜리 끝부분을 잘게 썰어 냉동하세요. 냠냠기부터는 브로콜리를 한입 크기로 작게 잘라서 냉동하세요.

꿀꺽기
우물기

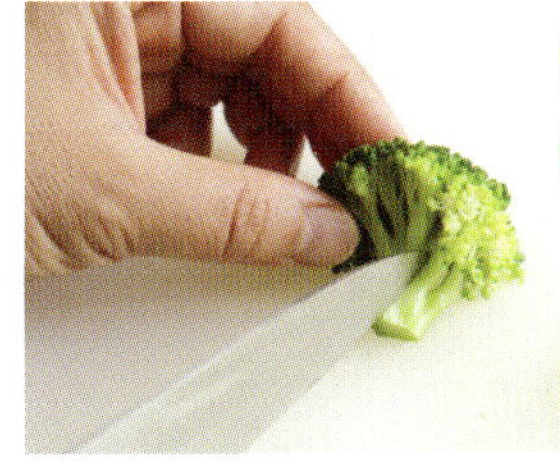
냠냠기
아삭기

| 사과, 키위 | 사과는 가열하고, 키위는 그대로 냉동한다

사과는 껍질을 벗겨서 5mm 두께의 은행잎 모양으로 자르세요. 자른 사과는 설탕을 살짝 뿌려 전자레인지(600W)로 100g당 3분 정도 가열한 뒤 냉동하세요. 키위는 껍질을 벗기고 반달 모양으로 썬 뒤 냉동하세요. 과일도 해동할 때 가열한 뒤 먹이세요.

| 바나나 |

껍질을 벗기고 으깨서 냉동한 다음 1회분만 부러트려서 꺼낸다

바나나는 지퍼백에 넣은 채로 손으로 눌러 평평하게 만들어서 냉동하세요. 냉동한 바나나는 사용할 양만큼 똑 부러트려서 꺼내세요.

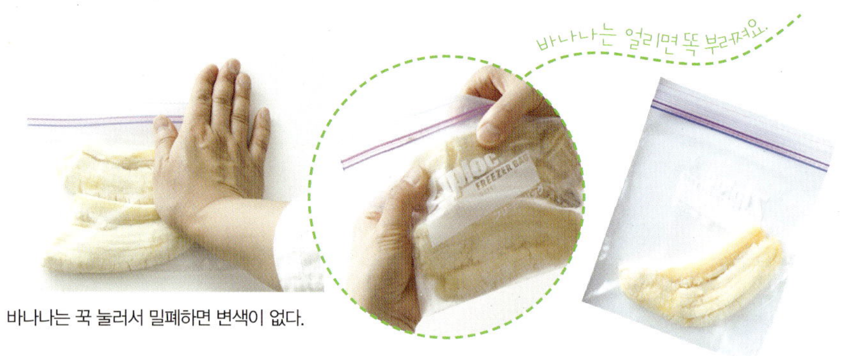

바나나는 얼리면 똑 부러져요.

바나나는 꾹 눌러서 밀폐하면 변색이 없다.

| 포도 |

껍질째로 냉동한 다음 물을 묻혀서 껍질을 벗긴다

껍질을 벗기기 어려운 포도는 냉동한 다음 물을 묻히면 껍질이 스르륵 벗겨져요. 포도는 씨를 빼서 시기에 맞는 형태로 조리하세요.

포도를 얼리면 껍질이 잘 벗겨져요.

포도는 요리할 때 해동 · 가열한다.

단백질원 식품(생선 · 육류)

근육과 장기를
만들어요!

생선과 육류는 푸석푸석해지기 쉬우므로 녹말가루와 물을 넣어 가열하세요. 낫또, 콩, 달걀도 요령만 기억해두면 간단하게 밑 손질할 수 있어요.

| 생선(회) |

녹말가루와 물을 넣어서 조리하면 탄력도 맛도 그대로 유지할 수 있다

생선회 3조각(30g)에 녹말가루 1/4작은술, 물 1큰술을 넣고 랩을 씌워 전자레인지(600W)로 40초~1분 정도 가열하세요. 생선은 조리할 때 물 대신 육수를 넣어도 괜찮아요. 생선은 녹말가루를 넣어서 전자레인지로 가열하면 데칠 때보다 본연의 맛을 유지할 수 있어요. 또한 육질의 탄력도 유지할 수 있어요.

생선은 물과 녹말가루를 넣어서 가열한다.

| 생선(토막 생선) | 전자레인지로 가열하면 편리하고 간단하다

토막 생선은 전자레인지(600W)로 100g당 1분 30초~2분 정도를 기준으로 가열하세요. 생선은 껍질과 뼈를 제거하고 녹말가루를 묻힌 뒤 물을 넣어서 가열해도 좋아요.
우물기까지는 일부 흰살생선(참돔, 넙치, 가자미 등)만 먹일 수 있어요.

* 냉동할 때의 형태는 생선(회)를 참조(p. 52)

| 생선(회) 손질 과정 |

꿀꺽기

이정도의 굳기

이 상태로 냉동실에!

생선은 전자레인지에 가열한 다음 잘게 으깬 뒤 풀어헤쳐서 1회 분량씩 랩에 싼다.

우물기

생선은 전자레인지에 가열한 다음 잘게 자른 뒤 풀어헤쳐서 1회 분량씩 랩에 싼다.

냠냠기

생선은 전자레인지에 가열한 다음 5mm 크기로 풀어헤쳐서 1회 분량씩 랩에 싼다.

아삭기

생선은 전자레인지에 가열한 다음 1cm 크기로 풀어헤쳐서 1회 분량씩 랩에 싼다.

| 마른 잔멸치 |

마른 잔멸치는 길고 얇은 사탕 모양으로 랩에 싸서 냉동한 후 강판에 갈아요.

뜨거운 물을 부어 소금기를 뺀다

마른 잔멸치는 체에 밭쳐 뜨거운 물을 붓고, 소금기를 빼세요. 꿀꺽기는 마른 잔멸치를 강판에 갈아서 조리하세요. 마른 잔멸치를 막대 형태로 냉동해서 강판에 갈아도 좋아요. 우물기부터는 시기에 맞는 형태로 잘라서 냉동하세요.

마른 잔멸치는 체에 밭쳐 뜨거운 물을 붓고, 소금기를 뺀다.

| 낫또 | 팩에서 꺼내 1회 분량씩 소분하여 냉동한다

히키와리 낫또는 생낫또를 잘게 부순 것이에요. 이유식에는 '히키와리 낫또'가 손질이 필요 없어 간편해요. 낫또는 1회 분량씩 랩으로 꼭꼭 싸서 냉동하면 열화를 방지할 수 있어요.

낫또는 조리할 때 해동과 동시에 가열해요.

꿀꺽기 낫또를 먹이지 않는다.
우물기, 냠냠기, 아삭기 낫또를 잘게 썰어서 먹이거나, 히키와리 낫또를 먹인다.

| 콩 | 전자레인지로 가열한다

콩 50g에 물 1/4컵을 붓고, 수면에 닿도록 랩을 덮은 후 전자레인지(600W)로 2분 정도 가열하세요. 가열한 콩은 열기가 가시면 노란 껍질을 벗긴 뒤 지퍼백에 넣어서 냉동하세요.

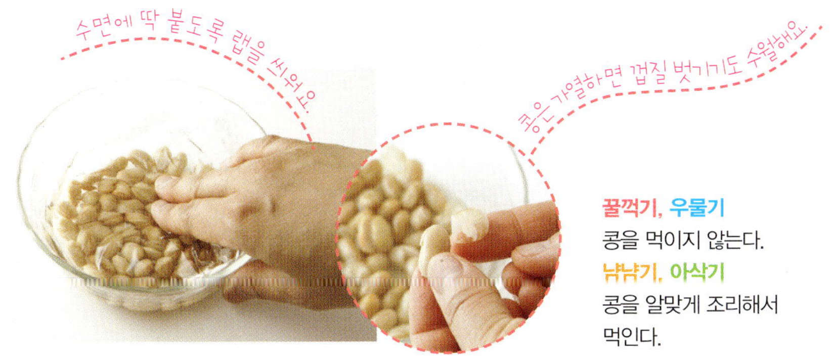

수면에 딱 붙도록 랩을 씌워요.
콩은 가열하면 껍질 벗기기도 수월해요.

꿀꺽기, 우물기
콩을 먹이지 않는다.
냠냠기, 아삭기
콩을 알맞게 조리해서 먹인다.

| 달걀 | 삶은 달걀이나 달걀지단을 냉동한다

삶은 달걀에서 노른자를 꺼내서 으깬 다음 냉동하세요. 아삭기부터 채썬 달걀지단도 다양하게 이용할 수 있어요.

랩에 싸서 으깨면 주위가
지저분해지지 않아 간편해요

노른자는 랩에 싼 채로 으깨거나 달걀지단을 만들어서 냉동한다.

꿀꺽기 달걀을 먹이지 않는다.
우물기, 냠냠기, 아삭기
노른자 1큰술부터 먹이기 시작해서 천천히 양을 늘린다.

| 연한 닭가슴살 |

포를 떠서 섬유질을 끊어내고, 녹말가루로 푸석푸석함을 방지한다

닭고기 1조각(50g)을 포를 뜬 후 섬유질을 끊으면 부드럽게 풀어헤쳐 놓기 쉬워요. 포 뜬 닭가슴살에 녹말가루 1/2작은술을 묻힌 뒤 물 1큰술을 넣어 랩으로 싸서 전자레인지(600W)로 40초~1분 정도 가열하세요.

연한 닭가슴살은 포를 떠서 가열한다.

가열한 닭가슴살을 포크로 풀어헤쳐 놓는다.

| 연한 닭가슴살 손질 과정 |

꿀꺽기 닭가슴살을 먹이지 않는다.

닭가슴살을 전자레인지로 가열한 다음 잘게 풀어헤쳐서 1회 분량씩 랩에 싼다.

닭가슴살을 전자레인지로 가열한 다음 5mm 크기로 풀어헤쳐서 1회 분량씩 랩에 싼다.

닭가슴살을 전자레인지로 가열한 다음 1cm 크기로 풀어헤쳐서 랩에 싼다.

| 닭가슴살 | 연한 닭가슴살과 마찬가지로 50g을 얇게 썰어서 가열한다

닭가슴살은 얇게 썰어서 녹말가루를 묻힌 뒤 물을 넣고 전자레인지로 가열하세요. 가열한 닭가슴살은 풀어헤쳐 놓으세요.

얇게 써는 기술은 어른 음식에도 응용 가능해요!

* 냉동할 때의 형태는 연한 닭가슴살을 참조

꿀꺽기 닭가슴살을 먹이지 않는다.
우물기 연한 닭가슴살에 익숙해지면 먹인다.
냠냠기, 아삭기 닭가슴살을 얇게 썰어서 가열한 다음 냉동하고, 해동할 때 먹기 좋게 잘라 먹인다.

| 닭다리살 |

랩에 싼 채 수증기가 있는 상태로 식히면 촉촉하다

닭다리살 50g은 껍질과 지방을 제거한 뒤 랩에 싸서 전자레인지(600W)로 1분 정도 가열하세요. 가열한 닭다리살은 식혀서 시기에 맞는 형태로 조리하세요.

건조해지지 않도록 랩에 싸서 식혀요.

꿀꺽기 닭다리살을 먹이지 않는다.
우물기 우물기 후반부터 닭가슴살에 익숙해지면 먹인다.
냠냠기, 아삭기 닭다리살을 얇게 썰어서 가열한 다음 냉동하고, 해동할 때 먹기 좋게 잘라 먹인다.

* 냉동할 때의 형태는 연한 닭가슴살을 참조(p. 55)

| 저민 고기 |

녹말가루와 물을 섞어서 가열하면 오동통함을 유지할 수 있다

저민 고기 50g에 물 1큰술, 녹말가루 1/2작은술을 넣고 잘 섞으세요. 저민 고기는 랩에 싸서 전자레인지(600W)로 40초~1분 정도 가열한 다음 으깨주세요. 으깬 고기는 1회 분량씩 랩에 싸거나 지퍼백에 넣어 냉동하세요.

꿀꺽기, 우물기 저민 고기를 먹이지 않는다.
냠냠기, 아삭기 지방이 적은 저민 고기부터 먹인다. 저민 고기는 닭, 돼지, 소고기 모두 같은 방식으로 손질한다.

| 얇게 썬 고기 |

뜨거운 물에 살짝 데쳐서 체에 밭쳐놓고 랩을 씌운다

얇게 썬 고기는 뜨거운 물에 데친 뒤 체에 밭쳐 랩을 씌운 상태로 식히세요. 식힌 고기는 1cm 길이로 채썰거나 잘게 썰어요. 얇게 썬 고기에 녹말가루를 살짝 묻혀서 데쳐도 좋아요.

꿀꺽기, 우물기 얇게 썬 고기를 먹이지 않는다.
냠냠기, 아삭기 소고기 → 돼지고기 순서로 먹인다.

랩을 씌워서 식히면 고기가 건조해지는 것을
막아 고기의 향을 유지할 수 있죠.
식재료를 알맞게 밑 손질해서
냉동실에 쏙~

죽, 진밥 만들기

쌀죽은 10배죽부터 시도하세요. 아기가 죽에 익숙해지면 조금씩 수분량을 줄여가며 진밥, 밥의 순서대로 바꿔나가요. 죽은 전기밥솥으로, 진밥은 전자레인지로 만드는 것이 적합해요. 쌀과 물을 적절한 비율로 넣고 만들어보세요.

| 죽 만들 때 쌀과 물의 비율 |

	10배죽	7배죽	5배죽 (일반 죽)	4배죽 (된 죽)	진밥	밥
쌀(쌀:물)	1 : 10	1 : 7	1 : 5	1 : 4	1 : 3~2	1 : 1.2
밥(밥:물)	1 : 9	1 : 6	1 : 4	1 : 3	1 : 2~1.5	–

* 냄비로 죽을 지을 때의 물 분량은 만드는 양이나 불 세기에 따라 달라지므로 수분이 증발하면 더하는 식으로 중간중간 조절한다. 대체적으로 물을 많이 넣는 편이 좋다.
* 밥으로 죽을 만들 때는 쌀로 죽을 만들 때보다 물을 적게 넣는다.

| 10배죽 |

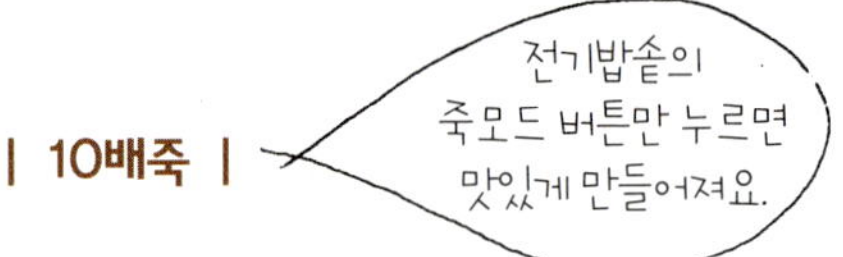
전기밥솥의
죽모드 버튼만 누르면
맛있게 만들어져요.

10배죽은 글자 그대로 쌀 분량에 10배의 물을 붓고 익히는 죽이에요. 이유식이 순조롭게 진행되면 전기밥솥으로 한꺼번에 만들어보세요.

만들기 편한 분량 : 쌀 1/4컵(50ml), 물 500ml

1. 전기밥솥에 쌀과 물을 넣고 죽모드로 익힌다

전기밥솥에 쌀과 10배의 물을 넣고 죽모드 버튼을 누르세요. 냄비로 조리하는 것과 달리 불 세기를 조절할 필요가 없어 편해요.

2. 시간이 돼서 취사가 완료되면 죽 완성!

7배, 5배, 4배죽도 조리 방법은 동일해요. 갓 지은 죽은 수분이 많다고 느껴지지만, 뜸이 들면서 식는 동안 쌀이 물을 흡수해요.

3. 죽을 떠서 체에 밭쳐 내린다

꿀꺽기에는 죽을 체에 밭쳐 숟가락 뒷면으로 꾹꾹 누르면서 내려주세요. 죽이 체 망에 달라붙으면 숟가락으로 긁어주세요. 푸드 프로세서를 이용해도 괜찮아요. 우물기부터는 죽을 체에 내리지 않고 먹여도 돼요.

체에 내린 쌀과 밥솥에 남은 수분을 섞어주세요.

| 진밥 |

밥과 물을 넣고 전자레인지로 땡!

진밥은 '부드러운 밥'이라는 의미예요. 수분량은 밥을 어느 정도로 부드럽게 만드는가에 따라서 조절하세요.

만들기 편한 분량 : 밥 200g, 물 300ml

1. 내열 볼에 밥과 물을 섞은 뒤 6분 정도 가열한다

내열 용기에 밥과 물을 넣고 섞은 뒤 랩을 씌우지 않은 채로 전자레인지로 6분 정도 가열하세요. 랩을 씌우지 않는 이유는 밥이 끓어 넘치기 때문이에요.

1

2. 랩을 씌워 뜸을 들이면서 밥을 식힌다

밥을 가열한 다음에는 랩을 씌워 잠시 두세요. 뜸을 들이면서 식히는 과정이에요. 밥이 물을 흡수하면서 먹기 좋게 부풀어 올라요.

2

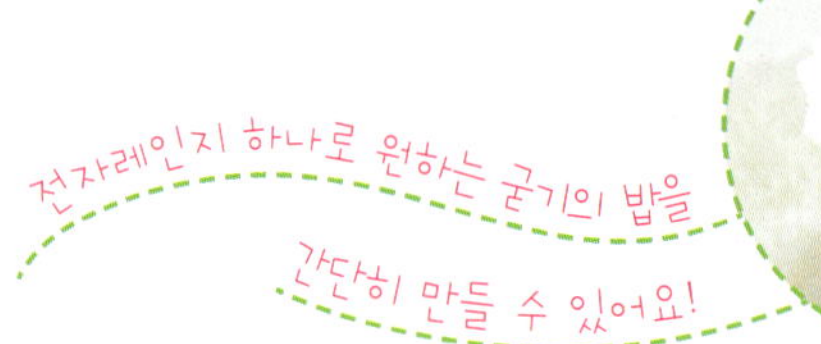

전자레인지 하나로 원하는 굳기의 밥을
간단히 만들 수 있어요!

Cooking Food Talk for baby

죽이 1회분만 필요하다면?

전기밥솥에 컵을 세팅

내열 컵에 아기가 먹을 분량의 쌀과 물을 넣으세요. 어른이 먹을 밥을 지을 때 전기밥솥에 함께 넣어 기존에 하던 대로 취사하면 돼요.

* 전기밥솥 기종에 따라서 안되는 경우도 있음

다싯물, 수프 만들기

조미료를 거의 사용하지 않는 이유식은 다싯물과 수프가 맛을 좌우해요. 그래서 다싯물과 수프는 필수 아이템이에요! 시간이 있을 때 다싯물과 수프를 한꺼번에 넉넉히 만들어놓으세요. 완성된 다싯물과 수프를 얼음틀에 넣어서 냉동하면 소량씩 사용할 수 있어 편리해요!

| 일본풍 다싯물 |

다시팩을 사용해서
걸러내는 수고를 줄였어요!
간편하고 맛도 좋아요.

다시마와 가다랭이포로 국물을 낸 일본풍 다싯물은 꿀꺽기부터 활약해요. 다싯물은 냉장 3일, 냉동 1주일까지 보관해도 되므로 넉넉히 만들어두세요.

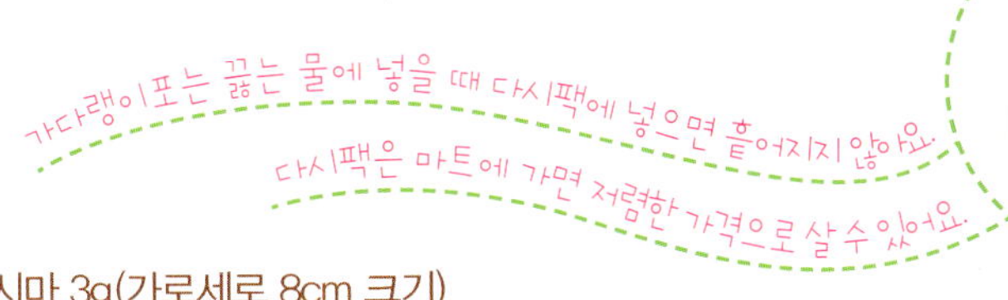

가다랭이포는 끓는 물에 넣을 때 다시팩에 넣으면 흩어지지 않아요.
다시팩은 마트에 가면 저렴한 가격으로 살 수 있어요.

재료 : 다시마 3g(가로세로 8cm 크기),
가다랭이포 6g(1컵에 살포시 담은 분량), 물 400ml

1. 냄비에 물과 다시마를 넣은 다음 중불에 올리고 끓기 직전에 불을 끈다

다시마는 젖은 수건으로 살짝 닦아낸 후 냄비에 물과 같이 넣어 중불로 끓이세요. 물에 작은 기포가 생기기 시작하면 불을 꺼주세요.

2. 30분 정도 지난 후에 다시마를 꺼낸다

다시마는 찬물보다 뜨거운 물에 담궈두는 게 훨씬 빨리 맛이 우러나와요. 다시마를 뜨거운 물에 담궈두고 30분 정도 지난 후 젓가락으로 다시마를 꺼내주세요.

3. 다시 끓여서 가다랭이포 팩을 넣는다

다시마를 담궜던 물을 다시 끓이고, 가다랭이포 팩을 넣으세요. 가다랭이포 팩은 봉한 부분을 아래쪽으로 하면 열리지 않아요.

4. 2~3분 정도 끓인 후 가다랭이포 팩을 꺼낸다

가다랭이포 팩을 약한 불에 2~3분 정도 끓여서 맛을 우려낸 다음 젓가락으로 팩을 꺼내기만 하면 끝! 완성된 육수 분량은 300ml 정도가 돼요.

| 채소수프 |

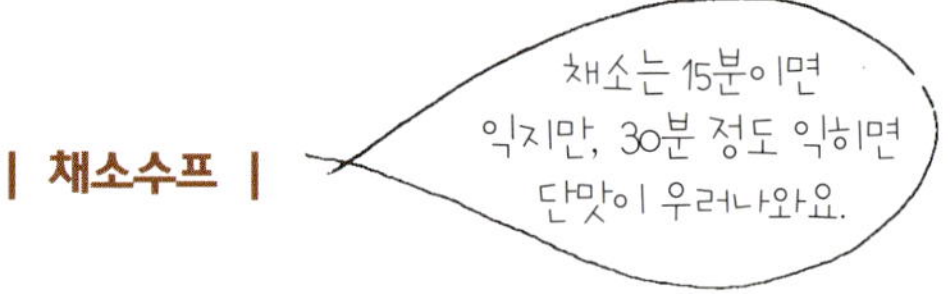
채소는 15분이면
익지만, 30분 정도 익히면
단맛이 우려나와요.

채소를 넣고 푹 익힌 채소수프는 채소의 가공되지 않은 단맛이 응축되어 있어요. 채소수프는 서양식 이유식의 베이스가 돼요.

cooking Food Talk for baby

다싯물이 1회분만 필요하다면?

차 거름망으로 간단히 우려내기

| 재료 | 가다랭이포 5g(1줌), 뜨거운 물 3/4컵

차 거름망에 가다랭이포를 넣고 뜨거운 물을 부은 뒤 5~10분 정도 기다리세요. 소량의 다싯물을 만들고 싶을 때 추천해요.

1

2

3

재료 : 채소(양파, 감자, 당근, 양배추) 각 50g, 물 600ml

1. 채소를 비슷한 크기로 자른다

양파는 5mm 폭으로 잘게 써세요. 감자, 당근은 5mm 두께의 은행잎 모양으로 써세요. 양배추는 약간 큼직하게 썰어놓으세요.

2. 냄비에 채소와 물을 넣고 30분 정도 익힌다

냄비에 채소와 물을 넣고 중불로 익혀서 떫은맛을 빼내세요. 냄비 뚜껑을 덮고 약불에서 30분 정도 더 익히면 단맛이 우러나와요.

3. 여과지를 올린 체에 밭쳐 거른다

체에 여과지를 깔고 수프를 따르세요. 채소수프는 익히는 시간이 길기 때문에 완성된 분량은 300ml 정도가 돼요.

채소수프는 넉넉히 만들어서 냉동 보관하세요!

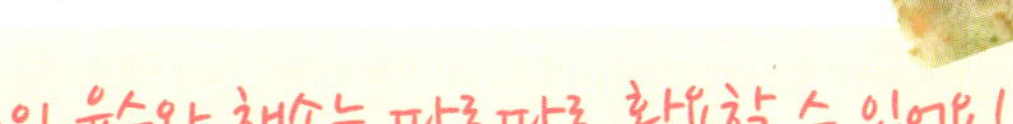

채소수프의 육수와 채소는 따로따로 활용할 수 있어요!

채소수프의 채소는 마요네즈에 무쳐서 어른 샐러드로 만들 수 있어요. 채소가 부드럽게 익었기 때문에 그대로 갈아서 이유식으로 냉동해도 괜찮아요. 채소수프의 육수는 얼음틀에 넣어서 냉동하세요. 얼린 육수는 얼음틀에서 빼낸 후 지퍼백에 넣어 냉동 보관하세요.

해동의 3가지 약속

냉동 식재료의 해동은 '사용할 만큼만', '냉동된 상태로', '아주 뜨겁게'가 철칙이에요. 3가지 약속만 지키면 맛있는 이유식을 만들 수 있어요.

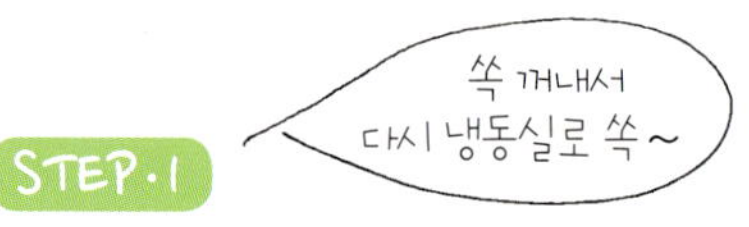

사용할 만큼만 꺼낸다

1회 분량씩 소분한 식재료는 사용할 만큼만 꺼내고 바로 냉동실에 넣으세요. 지퍼백에 한꺼번에 넣어두었던 식재료는 사용할 만큼만 똑 부러트려서 꺼내거나, 숟가락으로 떠서 꺼낸 다음 공기를 빼고 다시 냉동하세요. 이유식에서는 소량의 식재료를 얇게 펴서 냉동하기 때문에 실온에 방치하면 금방 녹아버려요. 냉동과 해동을 반복하면 좋지 않기 때문에 되도록이면 빠르게 움직이세요.

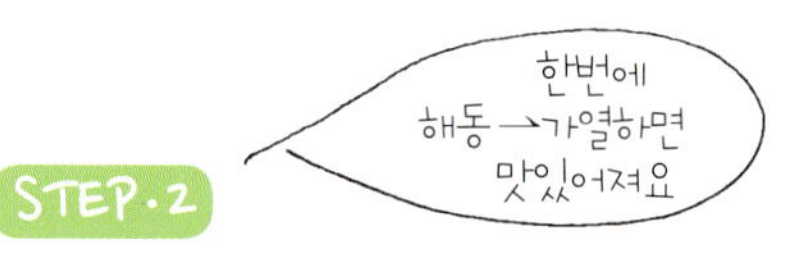

냉동된 상태로 가열한다

냉동된 식재료를 자연 해동하면 이슬이 맺혀서 영양과 맛이 떨어져요. 이유식용 냉동 식재료는 소량이므로 어른용 음식과 달리 해동 · 가열 시간이 짧아서 간편해요. 식재료를 냉동된 상태로 전자레인지에 돌리거나 냄비에 넣으면 3~5분 정도면 충분히 익어요. 한번에 해동 · 가열하니까 간편하고 맛도 좋아요.

1 사용할 만큼만 꺼낸다

2 냉동된 상태로 가열한다

3 완전히 뜨겁게 가열한다

먹기 전에 한번 더 가열하면 안심!

STEP·3

완전히 뜨겁게 가열한다

완전히 뜨겁게 가열하면 맛있어질 뿐만 아니라 살균 효과도 만점! 식재료를 밑 손질할 때 가열한 뒤 냉동해도 먹기 직전에 한번 더 가열하면 세균으로부터 확실히 안전해요. 전자레인지로 가열할 경우 섞어서 차가운 부분이 남아있으면 상태를 봐가며 다시 가열해주세요. 냄비로 가열할 경우는 한번 더 끓여주세요.

뜨거워요! 화상을 조심하세요!

미니사이즈의 냄비, 프라이팬의 활약

직경 15~20cm 정도의 미니사이즈 냄비나 프라이팬을 사용하면 재료의 수분이 증발하지 않아서 효율적으로 가열할 수 있어요.

전자레인지 해동 · 가열 5가지 테크닉

'랩이 폭발했어요', '너무 가열해서 푸석푸석해졌어요' 등은 초보 엄마들이 전자레인지를 돌릴 때 자주하는 실수예요. 실수를 막기 위한 전자레인지 사용 비결을 공개해요.

technique·1 수분 더해주기

이유식용 냉동 식재료는 양이 적은 데다 해동 · 가열을 한번에 하므로 수분이 증발해버리기 쉬워요. 끈적하게 굳기 쉬운 죽이나 푸석해지기 쉬운 단호박, 감자 등은 물 1작은술을 뿌려서 전자레인지로 가열하세요. 이렇게 하면 수분이 적절히 스며들어 촉촉함을 유지할 수 있어요. 다싯물, 우유, 토마토처럼 수분이 많은 채소를 넣어 함께 가열해도 같은 효과를 얻을 수 있어요. 수분 증발을 막고 싶은 식재료는 랩을 살짝 씌워 전자레인지에 가열하는 것도 잊지 마세요.

technique·2 공기가 빠져나가는 길 만들기

전자레인지를 돌릴 때 랩으로 그릇을 밀폐해놓으면 온도가 올라가면서 공기가 부풀어 오르고, 식을 때는 급격히 공기가 수축해요. 공기가 수축할 때 랩이 팽팽하게 당겨지므로 진공 상태가 돼서 폭발 위험이 생겨요. 이를 방지하려면 살짝 느슨하게 랩을 씌워 공기가 빠져나가는 길을 만들어주세요. 이렇게 하면 그릇 안의 공기량도 감소하여 효율적으로 가열할 수 있어요.

| 전자레인지에 밀폐 용기를 돌릴 때 |

증기가 빠져나가요.

랩을 느슨하게 씌운다

랩을 씌워서 냉동한 식재료는 씌워져 있던 랩을 이용해서 밀폐 용기 위에 느슨하게 덮은 다음 전자레인지로 가열하세요. 랩은 재사용이 가능하므로 절약 효과도 있어요.

실리콘 스티머 뚜껑을 이용한다

전자레인지 조리에 탁월한 실리콘 스티머(미니)가 있으면 랩 대신 밀폐 용기 위에 덮어 사용해도 좋아요. 전자레인지로 가열할 때 뚜껑의 작은 구멍으로 증기가 빠져나가요.

cooking Food Talk for baby

자주 발생하는 전자레인지 사고

폭발 직전!

원인은 랩을 너무 팽팽하게 씌운 것

랩을 팽팽하게 씌워 전자레인지로 가열하면 랩이 수축되어 진공상태가 돼요. 랩은 뜨거워서 손으로 벗기면 화상 위험이 있어요. 대꼬치나 젓가락으로 구멍을 뚫고, 랩을 찢어서 벗기세요.

타버렸어요!

원인은 지나친 가열

단호박에 물을 넣지 않고 오래 가열하면 타버려요. 단호박을 그냥 가열하면 수분이 빠져나가서 딱딱해지죠. 단호박은 물을 넣고 가열하는 것을 잊지 마세요. 단호박은 요리에 따라 적절한 가열 시간으로 데워주세요.

| 전자레인지에 소분 용기를 돌릴 때 |

뚜껑을 연다 소분 용기의 뚜껑이 전자레인지에 돌려도 되는 재질이라면 뚜껑을 살짝 열어두거나 약간 비뚤게 덮어서 공기가 빠져나갈 수 있게 하세요.

랩을 살포시 씌운다 소분 용기의 뚜껑을 전자레인지에 돌릴 수 없는 재질이라면 뚜껑을 벗기고, 소분 용기에 랩을 씌워 가열하세요.

전자레인지에 돌려도 되는 뚜껑인지 아닌지 확인하고 나서 가열한다

'냉동 OK, 전자레인지 OK'라고 써있는 소분 용기라도 뚜껑은 전자레인지에 돌릴 수 없는 경우가 있어요. 때문에 뚜껑을 같이 전자레인지에 돌리지 않도록 주의하세요! 팩이나 용기에 써있는 표시를 확인하고 전자레인지에 가열하세요.

| 전자레인지에 랩을 씌운 식재료를 돌릴 때 |

공기가 빠져나가요.

랩의 좌우를 풀어서 느슨하게 하면 공기가 잘 통한다

기본적으로는 내열 용기에 담아서 전자레인지로 가열하는 것이 폭발을 막을 수 있어 안심이에요. 하지만 랩을 씌운 채로 가열할 경우에는 랩을 좌우로 풀어 공기가 통하는 길을 만들어주세요.

| 랩 싸는 법 |

사각 랩에 식재료를 올리고, 상하를 접고, 좌우를 접으면, 해동할 때 벗기기 쉽다.

| 전자레인지에 국물이나 수프를 돌릴 때 |

흘러넘치는 것을 방지하기 위해 랩이나 뚜껑을 덮지 않는다

국물이 많은 것을 전자레인지로 가열할 때는 흘러넘치지 않게 주의하세요. 용기의 7할 정도의 공간을 남겨두고 랩이나 뚜껑을 덮지 않은 채 가열하세요.

technique · 3 턴테이블 가장자리에 놓기

전자레인지의 마이크로파는 회전식 턴테이블 가장자리에 많이 닿는 성질이 있어요. 그러므로 턴테이블 가장자리에 식재료를 올려놓으면 효율적으로 가열할 수 있어요. 턴테이블이 없는 플랫식 전자레인지는 마이크로파가 전자레인지 안을 반사해서 데워지는 구조이기 때문에 중앙에 놓는 것이 좋아요.

technique · 4 가열 후에 섞어주기

레시피의 가열 시간은 어디까지나 기준이에요. 식재료의 상태나 전자레인지 기종 등에 따라서 가열하는 시간에 차이가 있을 수 있어요. 전자레인지에 돌린 후에는 가열 얼룩이 없는지, 완전히 뜨거워졌는지 전체를 섞어서 확인해주세요. 식재료에 차가운 부분이 남아 있으면 10~20초씩 더해가며 가열하세요.

급할 때는 아이스팩을 올려서 급냉하세요.

technique · 5 랩을 씌운 채로 뜸 들이기

이유식을 뜨겁게 해동 · 가열한 후 체온 정도로 식혀서 아기에게 먹이세요. 식힐 때 랩이 유식 표면에 붙을 정도로 씌워서 뜸을 들이면 수분이 달아나지 않아 부드럽게 완성돼요. 식는 시간을 기다릴 수 없을 때는 랩 위에 아이스팩을 올리세요!

가장 빠른 이유식 조리 코스

아기는 배가 고프면 무서운 괴물로 변신해요! 잠시도 기다려주지 않죠. 그래서 '냉동이유식'은 엄마의 든든한 지원군이에요. 냉동실에서 식재료를 꺼내 한꺼번에 가열하면 순식간에 이유식이 완성돼요.

우물기 - 1분 30초 코스

| 단호박죽 |

채소가 들어간 죽은 달고 먹기 쉬워서 아기들에게 인기 만점! 밑 손질이 끝난 죽과 채소를 전자레인지에 돌리기만 하면 끝!

재료 : 7배죽 50g, 단호박 10g

우물기 - 1분 코스

| 당근 브로콜리수프 |

얼음틀에 냉동해둔 채소수프 덩어리와 밑 손질한 채소를 전자레인지로 1분 정도 돌리세요. 채소의 달큰한 맛이 일품이에요.

재료 : 브로콜리 10g, 당근 10g, 채소수프 1덩어리

냠냠기부터 - 3분 코스

| 브로콜리 잔멸치소면 |

냄비 하나로 소면을 간단히 만들 수 있어요. 전자레인지에 면을 1분 정도 돌려서 반 해동한 후 삶는 것이 좋아요.

재료 : 소면 90g, 브로콜리 15g, 마른 잔멸치 15g, 다싯물 2덩어리

| 우물기 |
1분 30초 코스

단호박죽

7배죽 50g

\+

단호박 10g

얼린 죽과 단호박을 내열 용기에 넣는다.

↓

랩을 씌워 전자레인지로 1분 30초 정도 가열한다.

↓

| 우물기 |
1분 코스

당근 브로콜리수프

브로콜리 10g

\+

당근 10g

\+

채소 수프 1덩어리

얼린 채소와 채소수프 덩어리를 내열 용기에 넣는다.

↓

랩을 씌워 전자레인지로 40초~1분 정도 가열한다.

↓

| 냠냠기부터 |
3분 코스

브로콜리 잔멸치소면

소면 90g

브로콜리 15g

\+

마른 잔멸치 15g

다싯물 2덩어리

소면은 전자레인지에 살짝 돌린 후 냄비에 넣는다. 나머지 재료도 모두 냄비에 넣는다.

↓

물을 부어가며 삶는다.

↓

이런 모습이 보이면 꿀꺽기로 GO GO!

- ☑ 목을 가누고, 지지해주면 앉을 수 있다
- ☑ 다른 사람이 먹고 있는 것을 보고 입을 오물거린다.
- ☑ 포유 반사가 줄어들었다.

Tip 첫 이유식 시도를 겁먹지 말고, 엄마와 아기가 함께 차근차근 해나가요.

모유와 분유만 먹던 아기와
세상 음식과의 첫만남!

PART 2
생후 5~6개월 꿀꺽기

생후 5~6개월 꿀꺽기는 이런 시기!

엄마가 아기의 발달 과정을 잘 알면 이유식을 시도하기 쉬워져요.
아기를 이해하고 성장 속도에 맞춰 이유식을 할 수 있죠.
아기의 발달 과정부터 꿀꺽기 이유식의 특이점, 횟수, 이유식 장소,
꼭 알아야 할 원칙까지 모두모두 정리했어요.

이유식의 첫걸음! 겁먹지 마세요!

아기가 모유나 분유는 잘 먹는데, 숟가락으로 떠준 죽은 줄줄 흘려서 엄마가 깜짝 놀랄지도 몰라요. 하지만 아기에게는 이유식이 세상의 음식과 만나는 첫 경험이기 때문에 잘되지 않는 게 당연해요.

꿀꺽기는 아기가 음식을 삼키는 것에 조금씩 익숙해지는 시기예요. 아기가 먹는 양이 순조롭게 늘어나면 식재료를 한꺼번에 밑 손질해두세요. 밑 손질한 식재료를 냉동해서 전자레인지에 돌릴 수 있을 때부터 엄마가 한결 편해져요.

생후 5~6개월 꿀꺽기 아기의 발달 과정

- 뒤집기를 할 수 있다
- 다리에 힘이 생긴다
- 인지가 발달한다

생후 5~6개월경의 아기는 뒤집기를 할 수 있어요. 다리에 힘이 생겨서 기대고 앉을 수도 있어요. 바로 이때부터 이유식을 시작하면 돼요. 아기는 앉아서 목구

멍으로 음식을 넘길 수 있어요. 모유나 분유 이외의 것을 주었을 때 뱉어버리는 반사 작용이 사라져서 액체 이외의 음식이 입으로 들어와도 더 이상 밀어내지 않아요. 이것은 이유식을 시작할 때가 되었다는 신호예요.

아기가 입술을 닫고 음식을 꿀꺽 삼켜요!

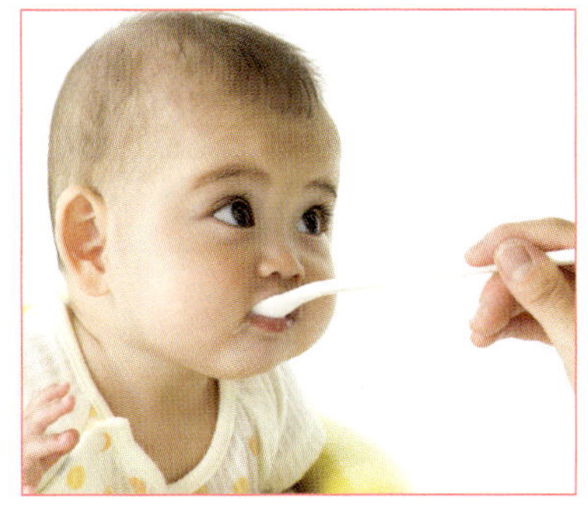

아기가 걸쭉한 이유식을 꿀꺽 삼킬 수 있으면 그것으로도 충분해요. 아기가 음식을 줄줄 흘려버리면 그때마다 숟가락으로 입에 잘 넣어주세요.
아기에게 숟가락을 억지로 들이밀지는 마세요. 윗입술을 살짝 올려서 아랫입술에 숟가락이 살짝 닿게 하면 아기의 입이 열려요. 열린 입에 음식을 넣어주면 자연스럽게 윗입술이 포개져 닫혀요. 이때 숟가락을 살짝 빼주기만 하면 돼요.

포타주 형태로 만들어주세요

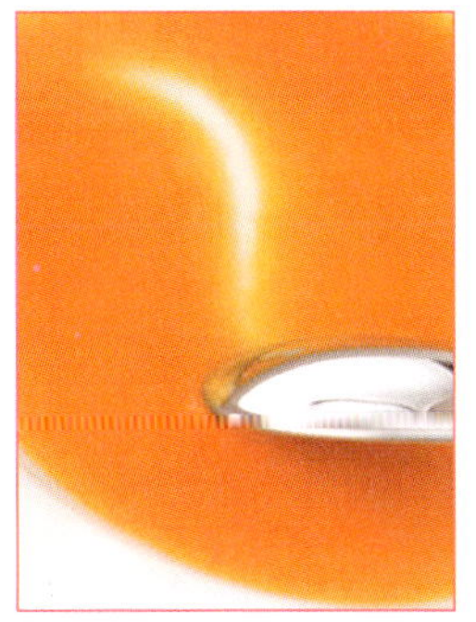

이 시기에 아기는 꿀꺽하고 삼키는 것만 겨우 할 수 있어요. 그래서 음식을 그대로 삼켜도 문제가 없는 포타주 형태로 만들어주세요. 처음에는 아기가 까칠까칠한 음식을 싫어하므로 체에 밭쳐 내리는 조리 과정이 필요해요. 수분이 많고 약간 걸쭉함이 있는 부드러운 포타주 형태가 적당해요. 아기가 포타주 형태에 익숙해지면 조금씩 수분을 줄여나가요.

이유식, 언제 몇 시쯤 먹일까요?

- 초반에는 수유 시간 1회를 이유식 시간으로 바꿔주세요. 익숙해지면 천천히 이유식 횟수를 늘려나가요.
- 식사 시간은 심야나 이른 아침은 피하세요. 엄마가 여유를 갖고 먹일 수 있는 시간을 골라 식사 시간으로 정하세요.
- 이유식을 하루에 2회식으로 진행할 때는 4시간 이상 간격을 두고 진행하세요.
- 매일매일 규칙적인 식사 시간을 정하세요.

Schedule

아침 모유, 분유	**오전 중** 이유식 + 모유, 분유
점심 모유, 분유	**오후** 모유, 분유
저녁 이유식(2회식이 되면) + 모유, 분유	
자기 전 모유, 분유	

이유식, 어디서 먹일까요?

아기가 앉을 때 아직 앞으로 고꾸라진다면 아기용 식사 의자에서 이유식을 먹이는 것은 불안정해요. 처음에는 엄마 무릎에 아기를 앉혀서 이유식을 먹이거나, 등받이에 기댈 수 있는 유모차에 앉혀서 먹여도 괜찮아요.

엄마 무릎에 아기를 올리고 한 손으로 아기 몸을 꽉 잡아주세요. 다른 한 손으로는 이유식을 먹이세요. 아기의 상반신을 조금 뒤쪽으로 기울이면 음식을 흘리지 않고 먹기 쉬워요.

꿀꺽기 이유식의 적정량은 어느 정도일까요?

꿀꺽기는 아기가 이유식에 익숙해지는 시기이므로 아기의 상태를 잘 봐가며 신중하게 이유식 양을 늘려 나가요. 식욕이 왕성한 아기라도 우물기 전반의 이유식 기준량을 넘지 않도록 조금씩 양을 조절해주세요.

에너지원 식품 적정량

비타민 식품 적정량

미네랄원 식품 적정량

단백질원 식품 적정량

꿀꺽기의 기본 식재료 손질법

| 체에 밭쳐 내린다 | 죽이나 채소는 체에 밭쳐 내리면 덩어리나 섬유질이 없어지므로 부드러워져요.

| 으깬다 | 식재료를 절구에 넣고 잘 으깨서 부드럽게 만드세요. 흰살생선도 이 방법으로 조리하세요.

| 강판에 간다 | 시금치, 당근, 식빵 등은 막대 모양으로 냉동해서 강판에 가는 것이 간편해요.

체에 밭쳐 내린다

으깬다

강판에 간다

| 꼭 기억해두어야 할 꿀꺽기 이유식의 기본 원칙 |

- 처음에는 간단한 식재료로 시작해서 아기가 익숙해지면 재료를 하나씩 첨가한다.
- 1일 1회 이유식을 기준으로 삼는다.
  아기가 먹기 싫어해도 참을성을 갖고 이유식을 시도한다.
- 이유식에 간하기는 금물! 싱싱한 재료를 사용하다.
- 음식을 먹였을 때 알레르기 반응이 일어나면 바로 중단하고, 다른 메뉴를 준다.
- 꿀꺽기 이유식의 굳기는 포타주 형태가 적당하다.

쌀(걸쭉한 10배죽)	쌀 1 : 물10의 비율로 지은 죽(만드는 방법은 p.58참조)을 체에 밭쳐 내리세요. 분량은 1큰술부터 시작해서 2~3큰술까지 먹이세요.
당근(체에 내린 당근)	삶아서 체에 밭쳐 내린 당근을 냄비에 넣으세요. 냄비에 당근이 살짝 잠길 정도의 물을 붓고 끓이세요. 끓인 당근에 물과 녹말가루를 약간 넣어서 걸쭉하게 만드세요. 분량은 1작은술 정도로 적당히 먹이세요.
멜론(체에 내린 멜론)	잘 익은 멜론 과육을 체에 밭쳐 내리세요. 분량은 1작은술 정도로 적당히 먹이세요.
두부(곱게 으깬 두부)	연두부를 뜨거운 물에 담갔다가 뺀 후 으깨세요. 으깬 두부에 다싯물 또는 식은 물을 넣고 얇게 펴세요. 분량은 1작은술 정도로 적당히 먹이세요.

쌀(으깬 7배죽)	아기가 10배죽에 익숙해지면 7배죽으로 바꿔주세요. 쌀 1 : 물7의 비율로 만든 죽을 절구에 넣어 으깨세요. 분량은 2~3큰술까지 먹이세요.
당근(으깬 당근)	삶아서 으깬 당근을 냄비에 넣으세요. 냄비에 당근이 잠길 정도의 물을 붓고 끓이세요. 끓인 당근에 물과 녹말가루를 약간 넣어 걸쭉하게 만드세요. 분량은 2작은술 정도로 적당히 먹이세요.
멜론(체에 내린 멜론)	잘 익은 멜론 과육을 체에 밭쳐 내리세요. 분량은 1작은술 정도로 적당히 먹이세요.
두부(으깬 두부)	연두부를 뜨거운 물에 담갔다가 뺀 후 으깨세요. 분량은 5작은술 정도로 적당히 먹이세요.

생후 5~6개월경

"꿀꺽기 1~2주차"

드디어 '먹기'에 도전!
이유식 시작!
'우선 뭘 만들어야 하지?', '양은 어느 정도로?' 등
정작 시작하려고 하니 궁금한 것 투성이이에요.
여기에서 기본적인 진행 방법을 확인해보세요.

이유식을 시작하기 전에 궁금한 Q & A

사전에 이유식 연습이 필요하나요?

이유식을 시작하기 전에 끓여서 식힌 물이나 과즙으로 연습할 필요는 없어요. 예전에는 모유나 분유 이외의 음식과 숟가락에 익숙해지게 하려고 과즙이나 수프를 먹이는 '준비기'가 있었어요. 하지만 과즙을 너무 많이 먹는 아기가 있다거나 준비기를 하지 않아도 이유식이 순조롭게 진행된다는 것을 알게 되면서 필요 없어졌어요.

어떻게 간을 해야 하나요?

염분은 아기 몸에 부담이 되므로 사용하지 마세요. 생후 6개월의 아기는 염분을 체외로 배출하는 신장 기능이 어른의 반 정도밖에 안돼요. 너무 많은 염분은 아기의 미숙한 신장에 큰 부담을 줘요. 이유식을 시작하는 꿀꺽기에는 조미료 없이 식재료의 맛만으로 먹이세요. 조미료는 우물기부터 극히 소량을 사용할 수 있어요.

날것은 안 된다는 게 정말인가요?

이유식은 가열해서 살균하는 것이 기본이에요. 아기는 어른보다 세균에 대한 저항력이 약하다는 것을 잊지 마세요. 아기 인체에 들어간 세균은 소량이라도 식중독을 발병시키는 경우가 있어요. 으깨거나 잘게 썬 이유식은 세균 감염의 기회가 더 많아요. 때문에 날생선이나 고기뿐 아니라 두부나 채소 등도 가열해서 살균 후 먹이세요.

왜 죽부터 시작하나요?

아기가 당장 생선이나 고기 등 단백질을 소화하는 것은 힘들어요. 음식을 소화 · 흡수하는 주 역할은 위장이 담당하는데, 아기는 위장의 기능이 아직 발달되지 않았기 때문이죠. 그러므로 이유식은 소화 · 흡수가 쉬운 쌀죽부터 시작하고, 다음에 채소를 더하고, 마지막으로 단백질원 식품을 더하는 순서로 진행하세요.

생후 5~6개월경

"꿀꺽기 1~2주차"

아기의 발달이 순조롭다면
몸 상태나 기분이 좋은 날에 첫 이유식을 시도하세요.
아기의 몸이 이유식을 받아들일 수 있게 되는 것은
생후 5~6개월경이에요. 아기가 목을 확실히 가누며,
지지해주면 앉을 수 있고, 먹고 싶어하는 등의
모습이 보이면 시작하세요.

Mom's Note

"규칙적인 시간에 이유식을 해요!"

이유식은 1일 1회로 규칙적으로 진행하세요. 예를 들어 오전 10시경, 오후 2시 또는 오후 6시경 등 수유하는 시간대 중 한 번을 골라 이유식 시간으로 바꿔주세요. 초반에는 아기가 꿀꺽하고 이유식을 삼키는 것조차 힘들기 때문에 한술씩 천천히 떠먹여보세요. 며칠 동안은 꿀꺽하지 못하고 뱉어내는 경우도 있지만 조금씩 익숙해지는 과정이므로 초조해할 필요는 없어요. 이유식 후의 수유는 아기가 원하는 만큼만 먹이세요.

꿀꺽기 1~2주차 이유식 진행 방법

이유식 초반에는 아기가 탄수화물, 미네랄 · 비타민, 단백질 3가지 영양원을 2~3주간에 걸쳐 익숙해지게 하세요. 아기에게 하나의 식재료를 4~5일 정도 꾸준히 먹이다가 익숙해질 때쯤에 다른 식재료를 넣어보세요. 아기에게 이것저것 먹이면 알레르기가 생겼을 때 어떤 식재료 때문인지 알 수 없어요. 알레르기가 없다면 여러가지 종류의 식재료를 먹여도 괜찮아요. 하지만 아기는 엄마의 생각보다 예민하다는 것을 잊지 마세요.

1. 쌀죽(10배죽)은 1작은술부터!

초기에는 쌀과 물의 비율이 1 : 10인 10배죽을 먹이세요. 10배죽은 소화 · 흡수가 좋고 알레르기 걱정도 적어서 안심하고 먹일 수 있어요. 첫날에는 10배죽을 1작은술, 둘째날도 1작은술을 먹이고 셋째날에는 2작은술로 늘리세요. 아기가 익숙해질 때 30~40g(2~3큰술)을 기준으로 먹이세요.

2. 채소를 풀죽 상태로 만든 것에 도전!

아기가 4~5일 정도 순조롭게 죽을 잘 먹으면 두 번째 음식으로 채소를 준비하세요. 단호박과 당근은 잘 굳지 않고 단맛이 있어 조리하기 쉬운 식재료예요. 채소는 1작은술부터 시작해서 양을 천천히 늘려나가요.

3. 두부나 흰살생선 등 단백질을 추가!

죽과 채소에 익숙해지면 단백질원 식품을 하나씩 추가해보세요. 초기에는 걸쭉하게 만들기 쉬운 두부가 간편해요! 두부는 살균을 위해 꼭 가열해서 먹이세요. 아기가 조금씩 먹는 양을 늘려가며 익숙해질 때쯤 두부 25g(깍둑썬 두부3cm 크기 1개) 정도를 기준으로 먹이세요.

꿀꺽기 1-2주차 이유식 레시피

1작은술(5ml) 기준이에요. 아래 표를 보고 천천히 양을 늘려가며 이유식을 진행하세요.

1주
2주
3주
1 2 3 4 5 6 7 8 9 10 11 12 13 14 15
에너지원 (체에 내린 10배죽)
시작
늘려나가요
비타민·미네랄원 (체에 내린 당근)
시작
늘려나가요
단백질원 (갈아서 으깬 두부)
시작
늘려나가요

▶ **10배죽 만들기**

1. 작은 냄비에 밥 1큰술과 물 130~140ml를 넣고 중불에 올린다.
2. 끓어오르면 뚜껑을 살짝 열어놓고 약불에서 20분 정도 더 끓인다.

or

냄비에 끓이거나, 전기밥솥의 컵죽으로!

1. 쌀 1작은술과 물 50ml를 내열 컵에 넣고 어른이 먹을 쌀과 함께 전기밥솥으로 취사한다(p. 58 참조).
2. 취사한 밥을 체에 밭쳐 내린다. 10배죽은 부드러운 포타주 상태가 적절하다.

▶ **체에 내린 당근 만들기**

부드럽게 삶은 뒤 체에 내려 걸쭉하게!

1. 당근 껍질을 벗겨서 1cm 두께로 둥글게 썬 뒤 냄비에 넣는다. 냄비에 당근이 잠길 정도의 물을 붓고 부드러워질 때까지 삶는다.
2. 삶은 당근을 체에 밭쳐 내린 뒤 다시 냄비에 넣고 물에 풀어 놓은 녹말가루를 넣는다. 걸쭉하게 될 때까지 끓인다.

TIP 당근은 얇게 썰어서 삶는 것보다 약간 두껍게 썰어서 삶는 것이 더 달달하게 조리돼요.

뜨거운 물에 담갔다가 으깨서 부드럽게!

▶ **으깬 두부 만들기**

1. 연두부는 사용할 분량만큼 깍둑썰어서(1.5cm 크기 두부일 경우 1작은술, 2cm 크기 두부일 경우 2작은술), 끓는 물에 살짝 넣었다 뺀다.
2. 연두부를 체에 밭쳐 내리거나, 부드럽게 으깬다.

TIP 두부는 표면을 살균하기 위해 가열하는 것이므로 오래 데칠 필요는 없어요. 전자레인지를 이용할 경우에는 두부가 안쪽부터 가열되므로 표면이 뜨거워질 때까지 가열하세요.

생후 5~6개월경

"꿀꺽기 3주차"

꿀꺽기 3주차에는 아기가 '죽, 채소, 고기(생선)' 등 기본 식재료에 익숙해져서
엄마가 한결 편해져요. 바로 이 시기부터 냉동이유식을 시작하세요!
재료에 따라 일주일치 식재료를 미리 냉동해보세요.
간단해서 편하고, 맛있어서 좋은 냉동이유식!
냉동실에서 식재료를 꺼내 내열 용기에 쏙 넣어
전자레인지에 돌리기만 하면 완성!
긴 조리 시간과 메뉴 고민이 필요 없어요. 초간단 방법으로
아기가 좋아하는 엄마표 냉동이유식을 만들어보세요.

효리에 선생님의 맛있는 팁!

"맛있는 이유식의 기본은 좋은 식재료예요!"

아기가 잘 먹는 이유식을 만들기 위해서는 재료를 잘 사는 것부터가 중요해요. 이유식은 조미료를 최대한 넣지 않는 음식이어서 좋은 식재료가 이유식의 맛을 좌우해요. 채소와 과일은 제 빛깔에 맞는 좋은 색을 띠고 있어야 해요. 겉이 푸석해 보이는 과일과 채소는 수분이 날아가서 질길 수 있으므로 피하세요. 채소는 뿌리와 밑동이 신선할수록 재배한 지 오래되지 않은 농작물이에요. 생선을 살 때는 원산지 표시를 꼭 확인하세요. 우유와 계란을 살 때는 유통기한을 꼭 체크하세요. 이유식은 비싼 재료가 아니라, 신선도가 높은 식재료를 신선한 상태일 때 사용하는 것이 가장 중요해요!

이것만 및 손질해두면 월요일부터 금요일까지 OK

| 재료 | 쌀 1/4컵(50ml), 물 500ml

30g x 15~16회분

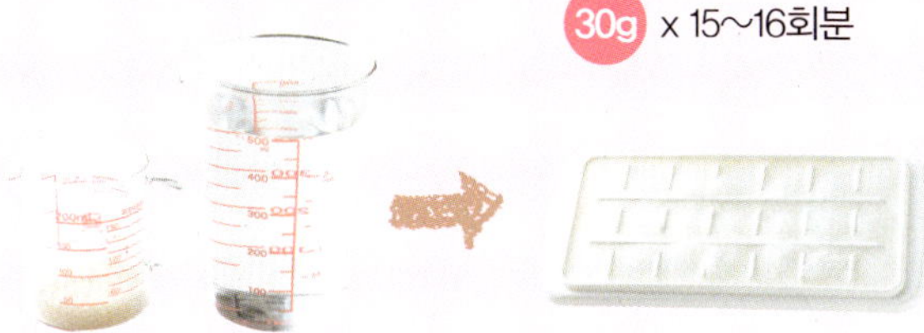

부드럽게 체에 내린 10배죽

1 전기밥솥에 쌀과 물을 넣고 죽모드로 취사한다.
2 취사가 완료되면 죽을 체에 밭쳐 곱게 내린다.
3 10배죽을 얼음틀 한 칸에 1큰술씩(15g) 넣어 냉동한다. 1회 분량은 2덩어리(30g)다.

TIP

* 죽은 푸드 프로세서로 갈아도 편해요.
* 얼음틀에 넣고 남은 10배죽은 그날 바로 먹여도 되고, 어른용 수프에 넣어도 걸쭉한 맛이 있어서 좋아요!

5~6개월 꿀꺽기 3주차

| 재료 | 단호박 껍질째 1/10통(80g)

10g x 8회분

B

전자레인지에 돌려서 뚝딱! 단호박

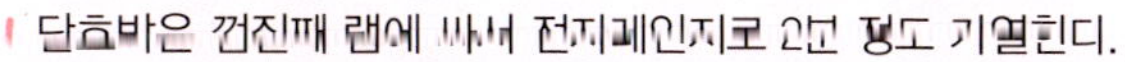
1 단호박은 껍질째 랩에 싸서 전자레인지로 2분 정도 가열한다.
2 가열한 단호박은 껍질을 벗긴 후 잘 으깬다.
3 으깬 단호박은 랩에 올려 평평하게 싸서 8등분으로 나눈다.
4 랩에 싼 단호박은 지퍼팩에 넣어서 냉동한다.

C

막대 형태로 냉동해서 잎 끝을 갈아 냠냠!

시금치

| 재료 | 시금치 1/2단(100g)

약 6회분

1 시금치는 끓는 물에 부드러워질 때까지 데친다.
2 데친 시금치는 물에 헹군 뒤 물기를 잘 뺀다.
3 시금치는 막대 형태로 랩에 싸서 냉동한다. 시금치는 요리할 때 얼린 상태 그대로 부드러운 잎 부분만 강판에 갈아서 사용한다.

TIP

* 시금치 줄기 부분은 강판에 갈 때 손으로 잡는 부분이 되므로 같이 얼리세요.
* 아기에게는 시금치 잎 부분만 먹이세요. 마지막에 시금치 줄기 부분만 남으면 어른용 된장국에 활용할 수 있어요!

회를 이용하면 간단!

흰살생선 (참돔)

| 재료 | 흰살생선 30g(회 3조각), 녹말가루 1/4작은술

5g x 6회분

1 흰살생선에 녹말가루를 묻힌 뒤 물(1큰술)을 넣고, 전자레인지로 40초~1분 정도 가열한다.
2 가열한 생선은 잘 으깬다.
3 생선을 1/6분량(5g)씩 랩에 올려 평평하게 싸서 냉동한다.

TIP

* 흰살생선은 맛이 담백하고 DHA함량도 높아서 아이들이 좋아해요.
* 꿀꺽기에 먹일 수 있는 흰살생선은 참돔, 넙치, 가자미 등이 있어요.
* 마트에서 싱싱한 흰살생선을 구입해 요리하세요.

집에 있는 식재료와 조합하기

바나나

바나나는 과일이지만 점성이 많아서 씹기 좋아요. 꿀꺽기에는 바나나를 주식으로 취급해요. 바나나는 단맛이 있어서 아기가 매우 좋아해요.

토마토

토마토는 새콤달콤한 맛을 내서 이유식에서는 마치 조미료 같은 역할을 해요. 토마토는 씨와 껍질을 제거하고 사용하세요.

가루분유

꿀꺽기 아기에게 우유는 아직 안 돼요! 우유 대신 뜨거운 물에 녹인 가루분유를 사용하세요.

두유

두부와 같이 부드러운 두유는 꿀꺽기부터 먹일 수 있어요.

콩가루

콩은 밭에서 나는 쇠고기라고 불려요. 식물성 단백질을 공급할 수 있는 최고의 식재료이기 때문이죠. 콩은 아기가 먹을 때 목이 메지 않게 죽과 섞어주세요.

다싯물

미리 만들어둔 다싯물을 이용하면 한결 편할 뿐만 아니라, 감칠맛이 살아나요(p.61 참조)

흰살생선 시금치미음

죽의 걸쭉함으로 푸른 잎채소와 생선도 꿀꺽

흰살생선 시금치미음

1 10배죽에 물(1작은술)을 넣고 랩을 씌워 전자레인지로 40초~1분 정도 가열한다.

2 시금치는 냉동된 상태로 강판에 잎 부분을 15g(3작은술) 정도 갈아놓는다.

3 갈은 시금치는 랩을 씌워 전자레인지로 20초 정도 가열한다.

4 흰살생선은 랩을 씌워 전자레인지로 30초 정도 가열한다.

5 죽에 시금치와 흰살생선을 올린다.

TIP 시금치는 부드러운 잎 부분만 갈아주세요.
줄기 부분은 섬유질이 많아 질기므로 아직 아기가 먹을 수 없어요.

5~6개월
꿀꺽기
3주차

쉿! 엄마만 아는 TIP

'흰살생선 시금치미음'을 만들때 죽, 시금치, 흰살생선을 전자레인지에 따로따로 가열하면 예쁜 색감을 유지할 수 있어요. 또한 섞는 정도를 조절해 먹일 수 있어서 좋아요. 하지만 숙숙 섞기를 좋아하는 아기라면 재료를 전부 합쳐서 전자레인지로 1분 30초 정도 가열해도 맛있는 이유식이 완성돼요!

10배죽

단호박 흰살생선미음

전자레인지에 돌리기만 하면 김이 모락모락 나는 죽으로 변신!

10배죽

10배죽 30g

1 10배죽에 물(1작은술)을 넣고 랩을 씌워 전자레인지로 40초~1분 정도 가열한다.

5~6개월
꿀꺽기
3주차

달콤하고 색도 예뻐서 아기들이 좋아하는

단호박 흰살생선미음

단호박 10g + 흰살생선 5g

1 단호박과 흰살생선에 물(2작은술)을 넣고 랩을 씌워 전자레인지로 30~40초 정도 가열한다.

2 가열한 단호박과 흰살생선을 부드러워질 때까지 잘 섞는다.

TIP 완성된 단호박 흰살생선미음은 기호에 따라 10배죽과 같이 섞어 먹여도 좋아요.

Wednesday

콩가루죽

아기가 잘 먹지 않는다면
단호박의 달콤함으로
유혹하세요!

단호박 토마토수프

고소해서 자꾸자꾸 먹고 싶은

콩가루죽

1 10배죽에 물(1작은술)을 넣고 랩을 씌워 전자레인지로 40초~1분 정도 가열한다.

2 가열한 10배죽에 콩가루를 넣고 잘 섞는다.

달콤함과 새콤함의 환상적 궁합

단호박 토마토수프

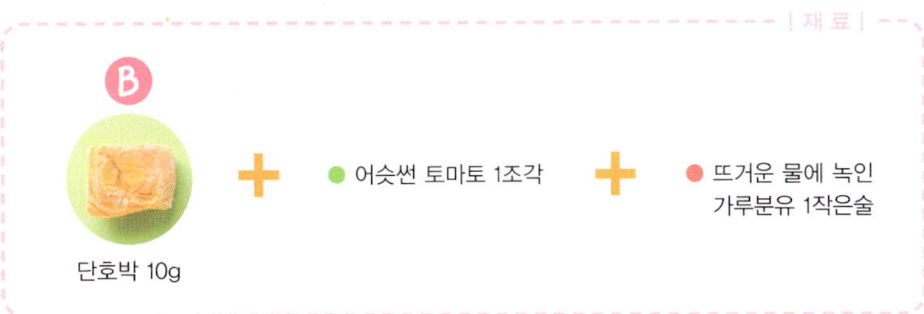

1 단호박에 물(1작은술)을 넣고 랩을 씌워 전자레인지로 30~40초 정도 가열한다.

2 가열한 단호박에 뜨거운 물에 녹인 가루분유를 넣고 잘 섞는다.

3 토마토는 씨를 제거하고 숟가락으로 속살을 떠서 으깬 후 5g(1작은술)을 2에 넣는다.

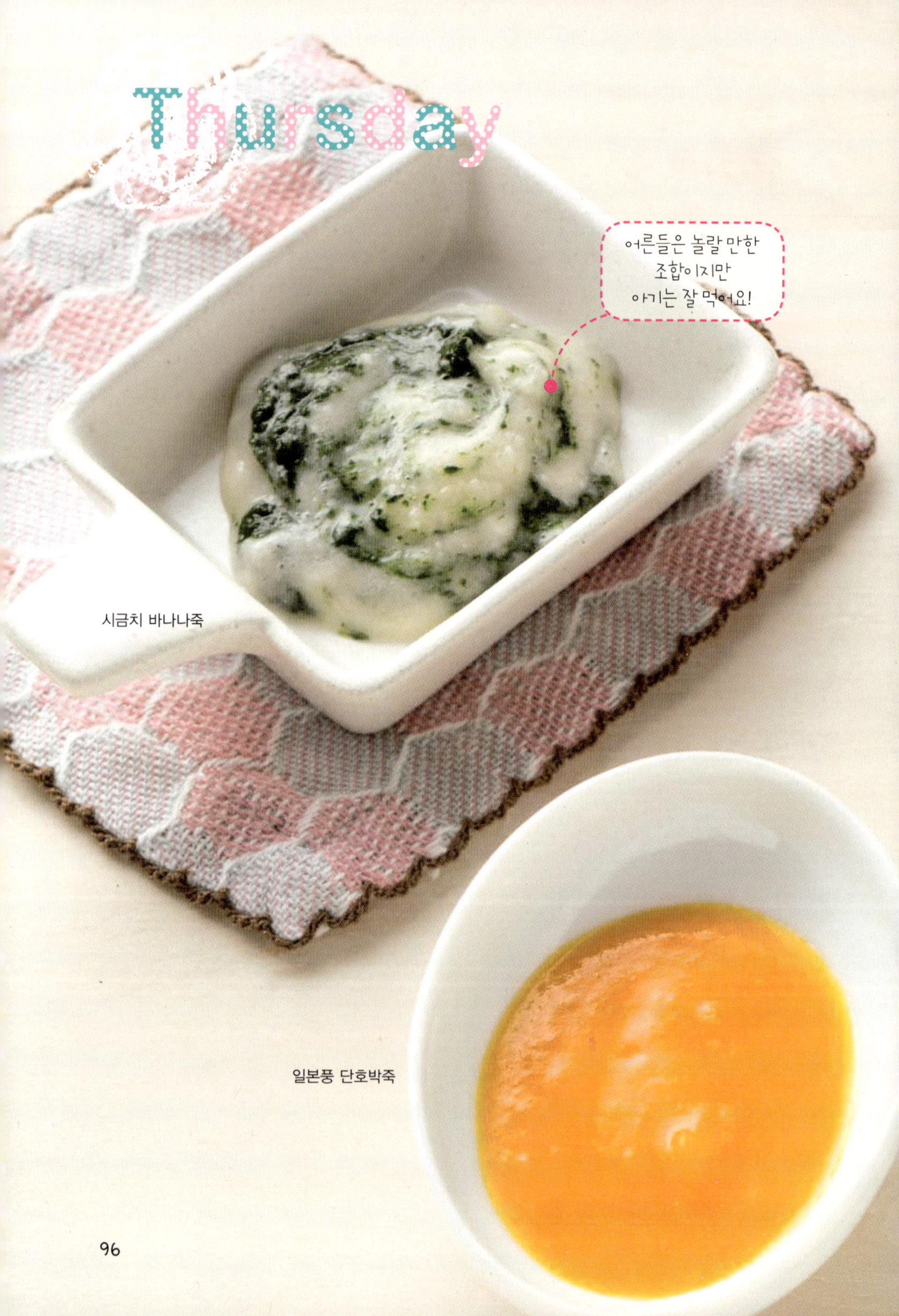
Thursday
어른들은 놀랄 만한
조합이지만
아기는 잘 먹어요!

시금치 바나나죽

일본풍 단호박죽

바나나로 시금치의 풀 냄새가 없어지고 달달하게 변신!

시금치 바나나죽

1 시금치는 냉동된 상태로 강판에 잎 부분을 5g(1작은술) 정도 갈아놓는다.
2 시금치는 랩을 씌워 전자레인지로 20초 정도 가열한다.
3 바나나를 으깬 뒤 시금치를 넣고 잘 섞는다.

다싯물을 넣어서 더 맛있는

일본풍 단호박죽

1 단호박에 다싯물을 넣고 전자레인지로 30~40초 정도 가열한다.

| 싱싱한 시금치 고르기 |

시금치는 잎사귀가 선명한 푸른색을 띠고, 뿌리가 붉은 색을 띠고 있는 것을 고르세요. 아기가 먹는 것이므로 튼실한 시금치보다는 연하고 어린 시금치를 구하세요.

Friday

두유 시금치죽

두유의 순한 맛으로 싫어하던 채소도 냠냠

두유 시금치죽

1 10배죽에 두유를 넣고 랩을 씌워 전자레인지로 40초~1분 정도 가열한다.
2 시금치는 냉동된 상태로 강판에 잎 부분을 10g(2작은술) 정도 갈아놓는다.
3 갈은 시금치는 랩을 씌워 전자레인지로 20초 정도 가열한다.
4 10배죽 위에 시금치를 올린다.

5~6개월
꿀꺽기
3주차

쉿! 엄마만 아는 TIP

중국에서는 모유가 나오지 않아 젖을 먹을 수 없는 아기에게 두유를 먹였대요. 그만큼 두유는 영양이 풍부한 식품이에요. 두유는 두부와 마찬가지로 콩이 원료인 양질의 단백질원 식품이에요. 식감이 부드럽고 순하기 때문에 거친 식재료를 섞을 때나 맛에 변화를 주고 싶을 때 대활약을 하지요. 두유는 꿀꺽기부터 사용할 수 있어요!

생후 5~6개월경

"꿀꺽기 4주차"

채소, 생선의 종류를 바꿔서 더 다양한 이유식을 시도해보세요.
브로콜리나 마른 잔멸치 등 식감이
약간 까칠까칠한 재료에도 도전해보세요!
꿀꺽기 4주차 이유식은 조금씩 수분을 줄여가는 게 포인트예요.
굳기가 끈적끈적한 상태에서 몽글몽글한 상태의 이유식까지
익숙해지도록 도와주세요. 이유식이 순조롭게 진행되고 있다면
빵죽을 만들어 먹여보세요!

Mom's Note

"아기가 숟가락에 익숙해지도록 꾸준히 사용하세요!"

아기에게 숟가락은 낯선 도구예요. 엄마가 숟가락으로 음식을 떠먹이다 보면 아기는 여기저기 흘리기 일쑤예요. 하지만 당황하지 말고 계속 숟가락을 사용하세요. 그래야 아기 목구멍의 근육이 발달해서 꿀꺽꿀꺽 음식을 삼킬 수 있어요. 숟가락을 사용하기 싫어하는 아기라면 캐릭터 숟가락이나 아기가 좋아할 만한 숟가락을 이용해보세요. 밥을 먹지 않을 때도 숟가락을 장난감처럼 갖고 놀게 하면 숟가락과 금방 친숙해질 거예요.
이유식이 차츰 진행돼서 아기가 숟가락을 사용하고 싶은 호기심이 생긴다면 더욱 좋아요!

이것만 밑 손질해두면 월요일부터 금요일까지 OK

| 재료 | 쌀 1/4컵(50ml), 물 500ml

30g x 15~16회분

1. 전기밥솥에 쌀과 물을 넣고 죽모드로 취사한다.
2. 취사가 완료되면 죽을 체에 밭쳐 곱게 내린다.
3. 10배죽을 얼음틀 한 칸에 1큰술씩(15g) 넣어 냉동한다. 1회 분량은 2덩어리(30g)다.

TIP

* 꿀꺽기 4주차에는 3주차 죽보다 조금 더 몽글몽글하게 끓이세요.

A

조금 더 몽글몽글하게

10배죽

| 재료 | 당근 1/3개(50g)

약 5회분

1. 당근은 껍질을 벗긴 후 세로로 반을 자른다.
2. 당근을 찬물에 넣고 부드러워질 때까지 삶는다.
3. 삶은 당근을 랩에 싸서 냉동한다. 당근은 요리할 때 얼린 상태 그대로 필요한 만큼 강판에 갈아서 사용한다.

B

삶아서 냉동한 뒤 강판에만 갈면 끝!

당근

C

영양도 좋고
색도 예쁜
브로콜리

| 재료 | 브로콜리 1/4개(꽃봉오리 부분 50g)

x 5회분

1 브로콜리를 끓는 물에서 부드러워질 때까지 5분 정도 삶는다.
2 삶은 브로콜리는 잘게 으깬다.
3 으깬 브로콜리는 랩에 1/5(10g)씩 올려 평평하게 싸서 냉동한다.

TIP

* 브로콜리는 충분히 삶아서 흐물흐물하게 만드는 게 중요해요.
* 꿀꺽기의 아기는 브로콜리의 꽃봉오리 부분만 먹이세요. 줄기 부분은 아직 아기가 소화하기 힘들어요!

D

뜨거운 물에서
소금기를 뺀
마른 잔멸치

| 재료 | 마른 잔멸치 30g(6큰술)

약 6회분

1 마른 잔멸치는 체에 밭쳐 뜨거운 물을 부은 후 물기를 잘 뺀다.
2 멸치는 막대 모양으로 랩에 싸서 냉동한다. 멸치는 요리할 때 얼린 상태 그대로 필요한 만큼 강판에 갈아서 사용한다.

TIP

* 멸치는 염분이 많아서 아기가 그대로 먹을 수 없어요. 꼭 뜨거운 물로 소금기를 제거한 뒤 먹이세요!

집에 있는 식재료와 조합하기

빵

플레인 식빵을 골라서 테두리 부분을 제거해요.
아기가 먹기 좋게 빵의 부드러운 부분만 남기세요.

감자

감자는 전분이 많으므로 이유식에서는 주식으로 많이 사용해요.

토마토

토마토는 가열이 필요 없는 식재료예요.
단맛이 강한 완숙 토마토가 좋아요.

사과

단단한 사과는 아기가 먹기 힘들어요.
사과는 강판에 갈아서 가열하세요.

두부

연두부가 가장 좋아요. 두부는 걸쭉하게 조리하기 편하므로 이유식의 필수 아이템이죠!

가루분유

가루분유는 우유 대신 사용해요.
가루분유 대신 두유로 대체할 수도 있어요!

두유

두유는 채소에 넣으면 순한 수프로 변신해요.

다싯물

녹말가루

당근 두부

토마토 잔멸치죽

당근과 두부를 버무려 식감이 좋은

당근 두부

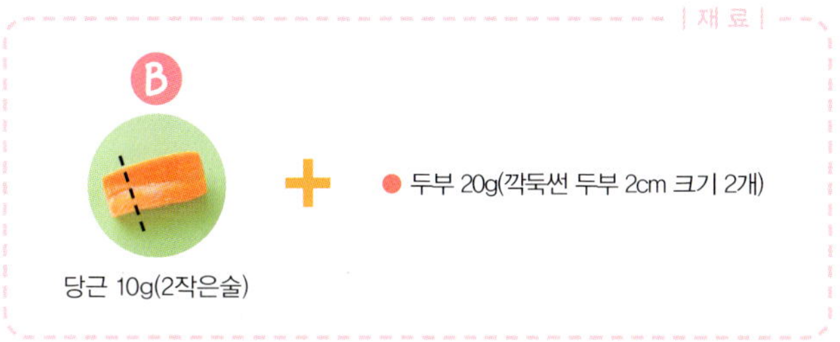

| 재료 |
B
두부 20g(깍둑썬 두부 2cm 크기 2개)
당근 10g(2작은술)

1 당근은 냉동된 상태로 강판에 10g(2작은술) 정도를 갈아놓는다.
2 두부에 갈은 당근을 넣고 랩을 씌워 전자레인지로 30~40초 정도 가열한다.
3 가열한 당근과 두부를 으깨가며 잘 섞는다.

새콤달콤한 토마토가 맛의 포인트!

토마토 잔멸치죽

1 마른 잔멸치는 냉동된 상태로 강판에 5g(1작은술) 정도를 갈아놓는다.
2 10배죽에 1과 물(1작은술)을 넣고 랩을 씌워 전자레인지로 40초~1분 정도 가열한다.
3 가열한 10배죽과 마른 잔멸치를 잘 섞는다.
4 토마토는 씨를 빼고 숟가락으로 속살을 떠서 으깬 다음 10g(2작은술)을 3 위에 올린다.

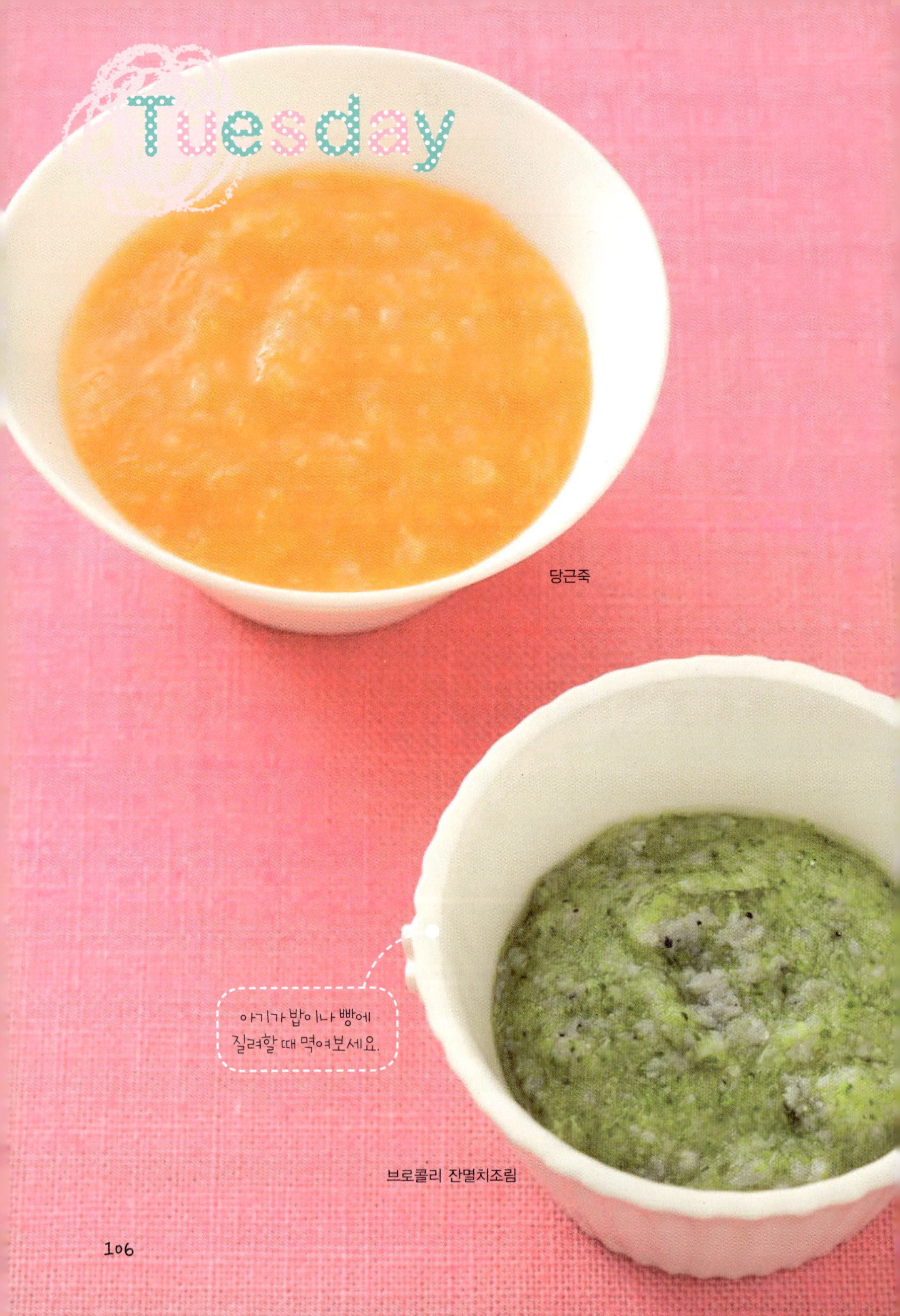
Tuesday
아기가 밥이나 빵에
질려할 때 먹여보세요.
당근죽

브로콜리 잔멸치조림

달콤하고 예쁜 색감으로 아기가 좋아하는

당근죽

1 당근은 냉동된 상태로 강판에 10g(2작은술) 정도를 갈아놓는다.

2 10배죽에 갈은 당근을 넣고 랩을 씌워 전자레인지로 40초~1분 정도 가열한다.

3 가열한 10배죽과 당근을 잘 섞는다.

5~6개월
꿀꺽기
4주차

멸치의 고소한 맛이 입맛을 사로잡는

브로콜리 잔멸치조림

1 다싯물과 녹말가루를 잘 섞는다.

2 마른 잔멸치는 냉동된 상태로 강판에 5g(1작은술) 정도를 갈아놓는다.

3 브로콜리와 마른 잔멸치에 1을 넣고, 랩을 씌워 전자레인지로 30초 정도 가열한다.

4 가열한 브로콜리와 마른 잔멸치를 잘 섞는다.

Wednesday

브로콜리 두부무침

당근 잔멸치탕수

부드러운 두부의 힘으로 브로콜리도 말랑말랑하게

브로콜리 두부무침

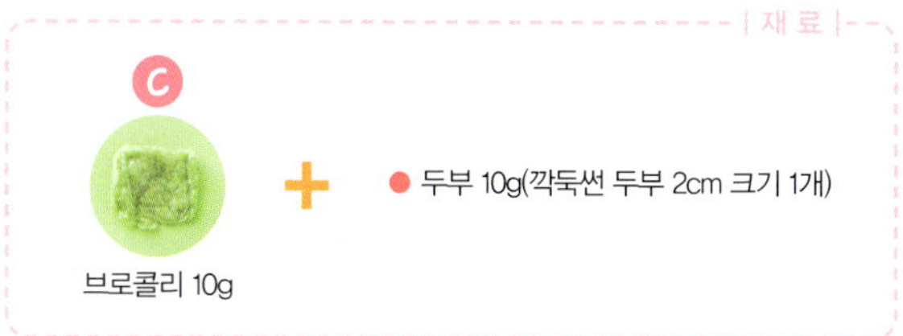

1 두부는 잘게 으깬다.

2 두부와 브로콜리는 랩을 씌워 전자레인지로 30~40초 정도 가열한다.

3 가열한 두부와 브로콜리를 잘 섞는다.

당근 효과로 비린내가 없어지고 달콤한 맛이 배가 되는

당근 잔멸치탕수

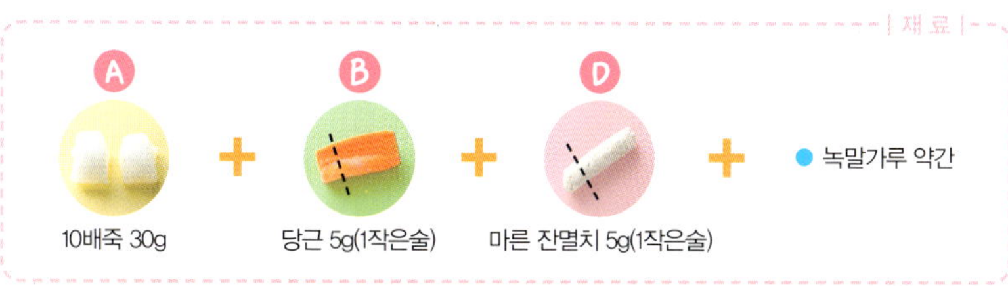

재료
A
10배죽 30g
B
당근 5g(1작은술)
D
마른 잔멸치 5g(1작은술)
녹말가루 약간

1 10배죽에 물(1작은술)을 넣고 랩을 씌워 전자레인지로 40초~1분 정도 가열한다.

2 당근과 마른 잔멸치는 냉동된 상태로 강판에 각각 5g(1작은술) 정도를 갈아서 합쳐놓는다.

3 2에 녹말가루와 물(1큰술)을 넣어서 잘 섞은 후 랩을 씌워 전자레인지로 30~40초 정도 가열한다.

4 10배죽 위에 3을 올린다.

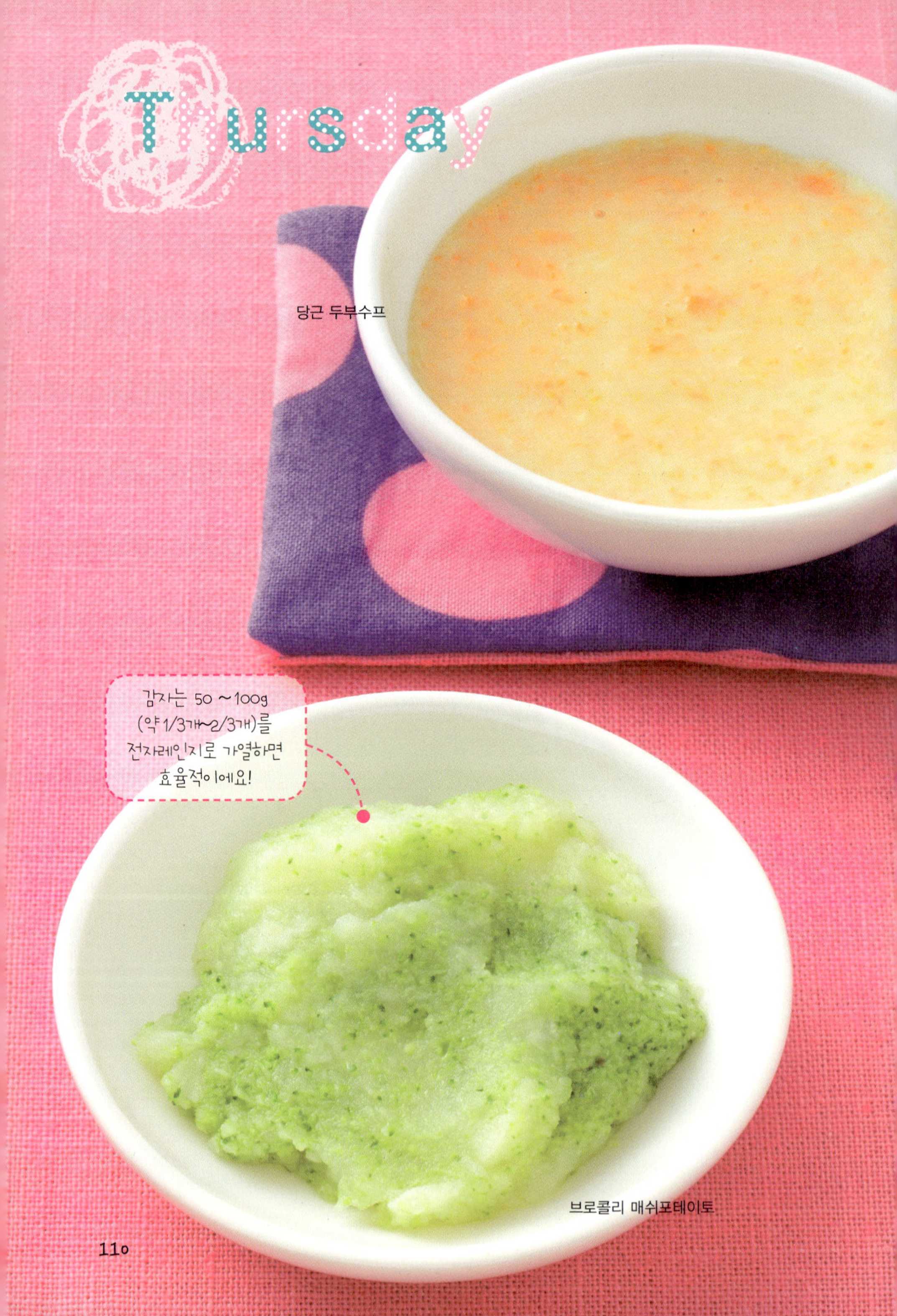
Thursday
당근 두부수프
감자는 50 ~100g
(약 1/3개~2/3개)를
전자레인지로 가열하면
효율적이에요!
브로콜리 매쉬포테이토

몽글몽글한 수프로 탄생!

당근 두부수프

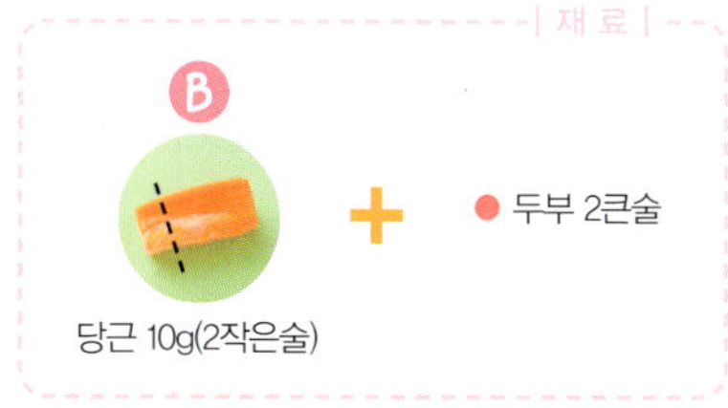

1 당근은 냉동된 상태로 강판에 10g(2작은술) 정도를 갈아놓는다.

2 당근에 두부를 넣고 랩을 씌워 전자레인지로 30~40초 가열한다.

3 가열한 당근과 두부를 잘 섞는다.

적당한 굳기에 씹는 맛이 좋은

브로콜리 매쉬포테이토

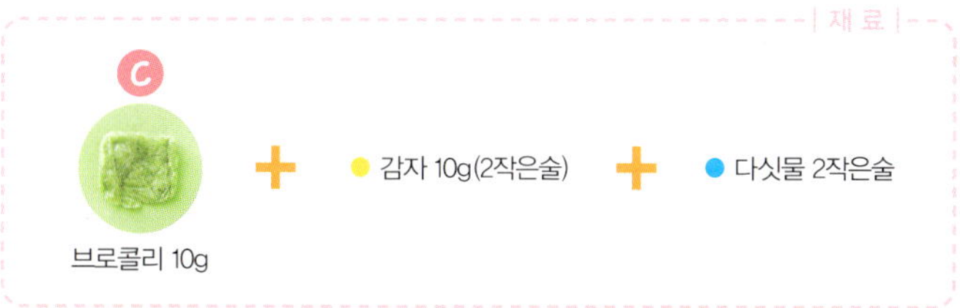

1 감자 1/3개(50g)를 껍질째 랩을 씌워 전자레인지로 1분 30초 정도 가열한다.

2 감자는 껍질을 벗긴 후 10g(2작은술)에 다싯물을 넣고 으깬다.

TIP 다싯물을 넣는 양에 따라 굳기가 달라져요.

3 브로콜리는 랩을 씌워 전자레인지로 30~40초 정도 가열한다.

4 가열한 브로콜리와 으깬 감자를 잘 섞는다.

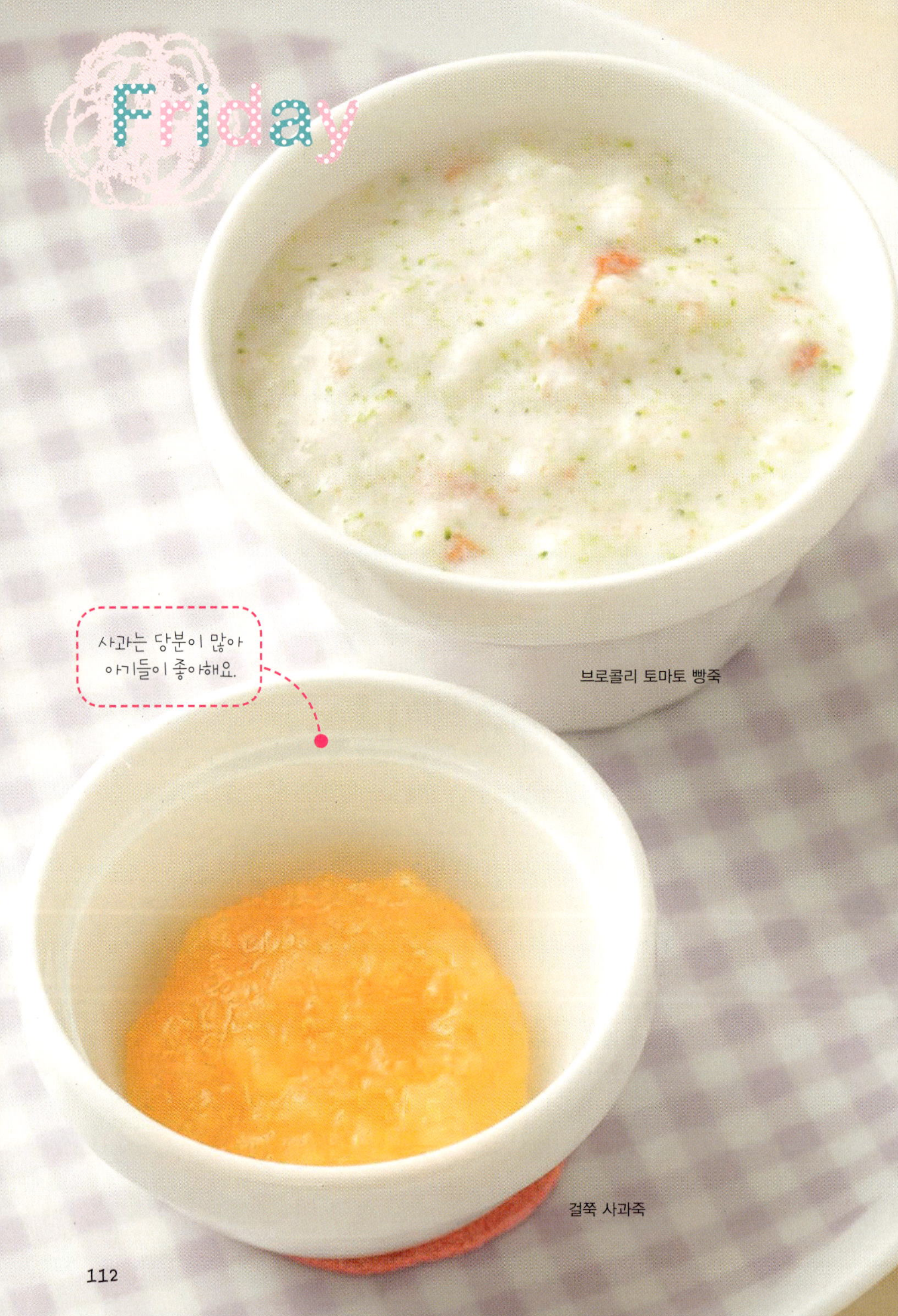
Friday
사과는 당분이 많아
아기들이 좋아해요.

브로콜리 토마토 빵죽

걸쭉 사과죽

익숙한 분유 맛으로 빵죽에 첫 도전 브로콜리 토마토 빵죽

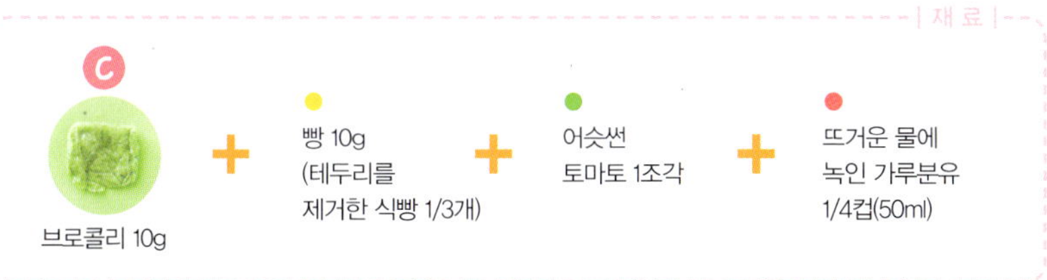

재료
C
브로콜리 10g
빵 10g (테두리를 제거한 식빵 1/3개)
어슷썬 토마토 1조각
뜨거운 물에 녹인 가루분유 1/4컵(50ml)

1 토마토는 씨를 빼고 숟가락으로 속살을 퍼낸다.
2 큼직한 내열 용기에 빵을 잘게 찢어 넣고 브로콜리, 뜨거운 물에 녹인 가루분유, 토마토 5g(1작은술)을 넣는다.
3 2에 랩을 씌워 전자레인지로 1분 30초 정도 가열한다.
4 가열한 것을 으깨며 잘 섞는다.

가열해서 단맛이 짙어진 걸쭉 사과죽

1 강판에 사과 10g(2작은술) 정도를 갈아 놓는다.
2 사과에 녹말가루와 물(1작은술)을 넣고 섞은 후 랩을 씌워 전자레인지에 30초 정도 가열한다.
3 가열한 사과와 녹말가루를 골고루 섞는다.

| 싱싱한 사과 고르기 |

요즘은 아무 때나 사과를 먹을 수 있지만 사과의 제철은 늦여름부터 가을까지예요. 싱싱한 사과는 꼭지 부분이 마르지 않았어요. 꼭지 부분이 말랐다면 따둔 지 오래된 사과예요. 사과는 껍질이 윤이 나는 것보다 거친 것이 더 좋아요. 사과를 두드렸을 때 알이 꽉 찬 소리가 나야 맛 좋고 싱싱한 사과랍니다.

이런 모습이 보이면 우물거리로 GO GO!

- 수분을 줄인 끈적끈적한 이유식을 우물거리며 먹고 있다.
- 주식과 반찬을 합친 1회에 어린이용 밥그릇의 반 이상을 먹고 있다.
- 1일 1회, 또는 2회의 이유식을 맛있게 먹고 있다.

Tip 이유식을 생후 5개월경부터 시작했다면 생후 6개월경부터, 생후 6개월경부터 시작했다면 생후 7개월경부터 1일 2회로 바꿔주세요.

이유식은 하루 두 번!
먹는 것을 통해 생활 리듬을 만들어가요

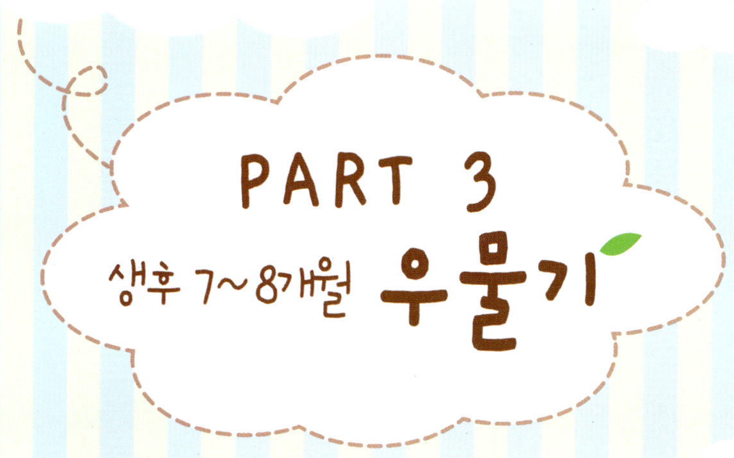

PART 3
생후 7~8개월 우물기

생후 7~8개월 우물기는 이런 시기!

엄마가 아기의 발달 과정을 잘 알면 이유식을 시도하기 쉬워져요.
아기를 이해하고 성장 속도에 맞춰 이유식을 할 수 있죠.
아기의 발달 과정부터 우물기 이유식의 특이점, 횟수, 이유식 장소,
꼭 알아야 할 원칙까지 모두모두 정리했어요.

먹을 수 있는 식재료가 훨씬 많아져요!

아기가 꿀꺽 삼키는 것에 능숙해지고, 이유식의 기준량을 무리없이 소화하고 있으면 우물기에 도입하세요! 우물기에는 연한 닭가슴살, 달걀노른자, 붉은살생선 등 먹을 수 있는 단백질원 식품이 훨씬 다양해져요. 그러므로 여러 가지 풍부한 이유식 메뉴가 생긴답니다.
한편, 엄마는 이유식이 1일 2회가 되어 준비하기 힘들어지죠. 하지만 간편하게 사용할 수 있는 냉동 식재료만 있으면 엄마도 마음의 여유를 가질 수 있어요. 번거로움은 현명하게 생략하고 애정이 듬뿍 담긴 이유식을 만들어주세요.

생후 7~8개월 우물기 아기의 발달 과정

- 기어 다닐 수 있다
- 혼자 앉을 수 있다
- 손 동작이 발달한다
- 엄마 말을 조금씩 이해할 수 있다

생후 7~8개월의 아기는 혼자 앉을 수 있어요. 그래서 이때부터는 아기용 의자에 앉히고 이유식을 먹일 수 있죠. 아기는 손가락도 잘 움직일 수 있어서 물건을 끌어당기거나 집어 올리는 것에 흥미를 보여요. 식사 시간에 숟가락을 쥐어서 사용법을 알려주는 것도 이 시기부터 천천히 시작하면 좋아요. 물론 아기는 잘 못하지만 시도해보는 과정과 숟가락에 익숙해지는 과정이 중요해요. 우물기의 아기는 조금씩 엄마 말을 이해할 수 있어 이 시기부터 식사 예절을 가르치면 좋아요. "주세요", "맛있어요.", "더 먹고 싶어요" 등의 단어를 사용해보세요. 아기는 자연스럽게 식습관을 배워나가요.

입을 '아~' 하고 벌려서 먹는 것은 이제 자신 있어요

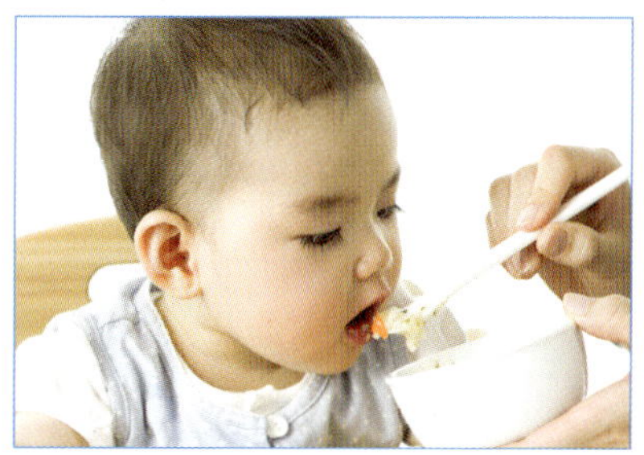

아기 스스로 '아~' 하고 입을 벌리면, 숟가락을 아랫입술에 수평으로 두세요. 윗입술이 덮이면 숟가락을 천천히 빼주세요. 자연스럽게 아기의 입에 맞춰 숟가락을 움직여주세요. 아기가 잘 먹는다고 숟가락의 움직임이 빨라지지 않도록 주의하세요. 아기가 몇 초 동안 입을 우물우물 움직여서 삼키는 것을 기다린 다음 숟가락을 올려주세요.

두부 정도의 굳기로 만들어주세요

우물기의 아기는 혀를 위아래뿐만 아니라 좌우로도 움직일 수 있어요. 아기는 혀와 위턱으로 우물우물 씹을 수 있죠. 그래서 우물기의 이유식 굳기는 두부 정도가 딱 적당해요.

엄지와 검지로 음식을 비볐을 때 힘을 들이지 않고도 부서지는 정도의 굳기가 적당해요. 채소는 잼과 같은 식감으로 하되, 조금씩 덩어리의 비율을 늘리세요.

이유식, 언제 몇 시쯤 먹일까요?

- 수유 2회를 이유식 시간으로 바꿔주세요. 꿀꺽기 후반에 하루 2회로 이유식을 진행한 경우, 동일한 시간으로 해도 괜찮아요.
- 이유식은 4시간 이상 간격을 두고 진행하세요.
- 아기도 공복이 있어야 이유식을 잘 먹을 수 있어요. 아기가 정해진 시간 전에 밥을 달라고 해도 주지 마세요.

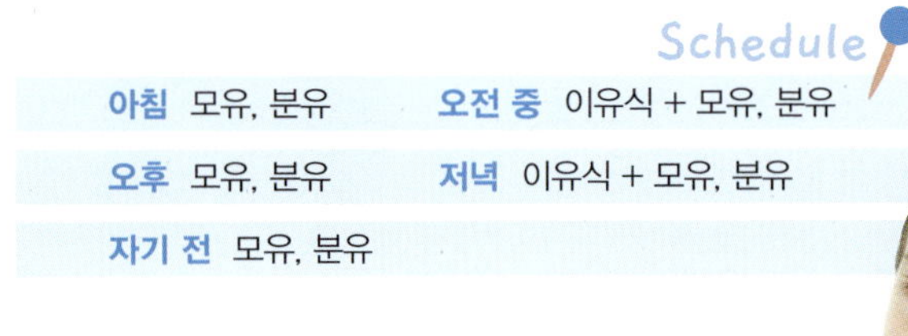

Schedule

아침	모유, 분유	**오전 중**	이유식 + 모유, 분유
오후	모유, 분유	**저녁**	이유식 + 모유, 분유
자기 전	모유, 분유		

이유식, 어디서 먹일까요?

아기가 등을 펴서 앉을 수 있게 되면 의자에 앉혀서 음식을 먹이기 쉬워져요. 안정감 있는 아기 의자를 선택하세요.

아기가 숟가락에 흥미를 느끼면 손에 쥐어주세요. 아기 발이 공중에 뜨지 않도록 바닥에 닿게 하거나 보조패드를 놓아서 발을 디딜 수 있게 해주면 턱이나 혀에 힘을 줄 수 있어요.

우물기 이유식의 적정량은 어느 정도일까요?

다음 이유식 기준량을 참고하되, 아기의 식욕에 맞춰서 먹는 양을 조절해주세요. 단, 몸에 부담을 주는 단백질원 식품은 기준량 이상을 넘기지 마세요. 특히 1회 식사에 '생선+두부' 등 2종류 이상의 단백질이 들어갈 때는 각각의 기준량을 반 정도로 줄여서 아기가 과잉 섭취를 하지 않도록 신경쓰세요.

에너지원 식품 5배죽 50g → 80g

비타민 · 미네랄원 식품 채소 + 과일 20g → 30g

단백질원 식품 두부 30g → 40g(생선, 육류의 경우 10g → 15g)

우물기의 기본 식재료 손질법

| 잘게 썬다 | 부드럽게 가열한 식재료를 2~3cm 크기로 깍둑써세요. 섬유질이 있는 잎채소는 가로세로로 잘게 썰어주세요.

| 잘게 부순다 | 채소는 알갱이가 조금 남아있는 정도로 삶으세요. 연한 닭가슴살과 생선은 아기가 소화하기 쉽게 섬유질을 잘 풀어주세요.

잘게 썬다

잘게 부순다

| 꼭 기억해두어야 할 우물기 이유식의 기본 원칙 |

- 의자에 앉히고 이유식을 시도한다.
- 1일 2회 이유식을 기준으로 삼는다.
- 단백질이나 과일 등 더욱 다양한 식재료를 사용한다
- 음식을 먹였을 때 알레르기 반응이 일어나면 바로 중단하고, 다른 메뉴를 준다.
- 이유식의 굳기는 두부 형태가 적당하다.

쌀(7~5배죽)	우물기 초기에는 7배죽으로 이유식을 시작하세요. 아기의 상태를 봐가며 쌀1 : 물5의 5배죽으로 바꿔주세요. 1회 이유식 분량은 50g 정도가 적당해요.
당근(당근수프)	당근 15g을 부드럽게 삶아서 2mm 크기로 깍둑썬 후 냄비에 넣으세요. 냄비에 당근이 잠길 정도의 채소수프를 붓고 끓이세요(다싯물로 끓여도 좋아요).
멜론(잘게 썬 멜론)	잘 익은 멜론 과육 5g을 2mm 크기로 잘게 써세요.
두부(두부조림)	연두부 30g을 2mm 크기로 깍둑썬 후 냄비에 넣으세요. 냄비에 연두부가 잠길 정도의 다싯물을 붓고 한소끔 끓이세요. 소금 또는 간장을 극소량 넣어도 괜찮아요.

쌀(5배죽)	쌀1 : 물5의 비율로 5배죽을 만드세요. 1회 이유식 분량은 50g 정도가 적당해요.
당근(당근수프)	당근 20g을 부드럽게 삶아서 3mm 크기로 깍둑썬 후 냄비에 넣으세요. 냄비에 당근이 잠길 정도의 채소수프를 붓고 끓이세요(다싯물로 끓여도 좋아요).
멜론(잘게 썬 멜론)	잘 익은 멜론 과육 10g을 3mm 크기로 잘게 써세요.
두부(두부조림)	연두부 40g을 3mm 크기로 깍둑썬 후 냄비에 넣으세요. 냄비에 연두부가 잠길 정도의 다싯물을 붓고 한소끔 끓이세요. 소금 또는 간장을 극소량 넣어도 괜찮아요.

생후 7~8개월경

"우물기 1주차"

이유식은 서서히 단단해지는 음식으로
조금씩 바꾸며 진행하는 게 중요해요.
그래야 아기도 안심하고 음식을 먹을 수 있답니다.
이 시기에 아기가 우물거릴 수 있는 것은 몽글몽글한 연두부 정도예요.
이유식을 만들 때 이 기준을 잊지 말고 만드세요.
우물기는 부드러운 죽 중심의 메뉴가 좋아요.
죽은 항상 냉동실에 보관해두세요.
콩 제품으로는 낫또가 적절해요.
낫또는 그대로 냉동해도 되므로 훨씬 간편해요!

호리에 선생님의 맛있는 팁!

"오늘 먹지 않아도 내일이 또 있어요."

아기가 먹지 않는 원인은 그날의 컨디션이나 조리 방법에 있을 수도 있어요. 다음에 같은 메뉴를 만들 때는 모양을 다르게 썰어보거나 체에 밭쳐 내리는 등 다른 방법으로 만들어보세요. 같은 레시피라도 엄마의 고민이 필요해요. 우리 아기들도 취향이 있으니까요. 음식을 만들어서 아기가 먹지 않는다고 바로 그 메뉴를 그만두지는 마세요. 같은 메뉴지만 내일은 다른 반응일 수도 있어요!

이것만 딱 손질해두면 월요일부터 금요일까지 OK

A 소분해놓기만 하면 되는 7배죽

| 재료 | 쌀 1/4컵(50ml), 물 350ml

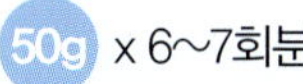

1 전기밥솥에 쌀과 물을 넣고 죽모드로 취사한다.
2 7배죽을 50g(3큰술)씩 소분 용기에 넣거나, 랩으로 보자기 처럼 싸서 냉동한다.

TIP

* 우물기부터는 죽을 체에 내리지 않아도 돼요!
* 랩을 이용해서 죽을 소분하는 경우, 작은 용기에 랩을 깔고 큰 숟가락으로 세 스푼씩 죽을 올려놓은 뒤 보자기처럼 싸세요.

7~8개월 우물기 1주차

B 달달한 맛과 영양도 풍부한 단호박

| 재료 | 단호박 껍질째 1/8통(100g)

1 단호박은 껍질째로 랩에 싸서 전자레인지로 2분 정도 가열한다.
2 익힌 단호박은 껍질을 벗긴다.
3 익힌 단호박은 1/8(10g)씩 랩에 올려 으깬 다음 평평하게 펴서 랩으로 감싼다. 포장한 단호박은 냉동한다.

C

비타민이 골고루 들어있어 성장기 아기에게 좋은
시금치

| 재료 | 시금치 1/2단(100g)

1 시금치는 끓는 물에서 부드러워질 때까지 데친 후 찬물로 헹군다.
2 헹군 시금치는 물기를 뺀 다음 잎끝만 잘게 썬다.
3 시금치는 1/6(10g)씩 랩에 올려 평평하게 싸서 냉동한다.

TIP

* 시금치 줄기 부분은 섬유질이 많아서 아기가 소화하기 힘들어요. 우물기 이유식에서는 잎끝만 사용하세요.

D

DNA 함량이 높은
흰살생선 (참돔)

| 재료 | 흰살생선 30g(회 3조각), 녹말가루 1/4작은술

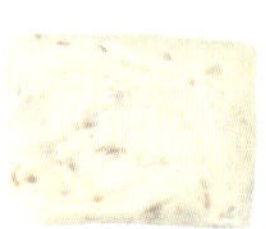

1 흰살생선에 녹말가루를 묻힌 뒤 물(1큰술)을 넣는다.
2 1을 전자레인지로 40초~1분 정도 가열한 후 으깬다.
3 가열한 흰살생선은 1/3(10g)씩 랩에 올려 평평하게 싸서 냉동한다.

TIP

* 녹말가루를 넣으면 흰살생선이 푸석거리는 것을 방지할 수 있어요.

| 재료 | 히키와리 낫또 45g(1팩)

10g~12g x 4회분

낫또는 1/4(10~12g)씩 랩에 올려 평평하게 싸서 냉동한다.

TIP

* 히키와리 낫또는 따로 손질하지 않아도 돼요.
* 히키와리 낫또는 콩을 잘게 썰어서 만든 낫또를 말해요. 만약 마트에 히키와리 낫또가 없어서 사지 못했다면 보통 낫또를 사세요. 낫또 알갱이를 아이가 먹기 편하게 잘게 으깨주면 돼요.
* 마트에 가면 우리 콩으로 만든 낫또를 팔아요. 회사마다 1팩의 용량 차이가 있으니, 감안해서 소분하세요.

E

잘게 썰지 않아도 되니까 간편한

히키와리 낫또

집에 있는 식재료와 조합하기

- **콘플레이크** 콘플레이크는 설탕이 들어가지 않은 플레인 타입을 선택하세요. 콘플레이크는 봉지에 넣은 채로 손으로 부숴주면 편해요.
- **토마토** 토마토는 새콤달콤한 맛을 내서 이유식에서는 마치 조미료와 같은 역할을 해요! 토마토는 씨와 껍질을 제거하고 사용하세요.
- **바나나** 바나나는 소량일 경우 주식이 아닌 과일로 취급해요. 바나나는 사용하기가 간편할 뿐만 아니라 달콤한 맛이 일품이죠!
- **딸기** 딸기는 으깨기 쉬워서 이유식용 과일로 안성맞춤이에요. 제철 시기에는 꼭 먹여보세요.
- **우유** 우유는 우물기부터 조리용으로 사용할 수 있어요. 조리하지 않고 우유 그대로 먹이는 것은 12개월 이후부터가 적당해요.
- **플레인 요거트** 플레인 요거트는 소화 · 흡수가 잘 되므로 우물기부터 먹여도 돼요.
- **피자 치즈** 피자 치즈는 염분과 지방이 많으므로 조금씩 넣어 조리하세요.
- **가다랭이포** 요리를 완성한 후 가다랭이포를 넣으면 맛이 더 살아나요!
- **다싯물** · **녹말가루** · **간장** · **올리브유**

치즈크림 시금치무침

콘플레이크죽

부드러운 식감과 감칠맛으로 푸른 잎채소도 냠냠

치즈크림 시금치무침

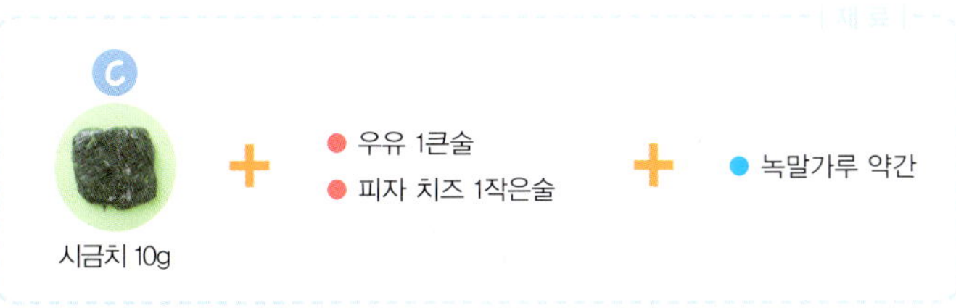

1 우유와 녹말가루를 잘 섞는다.

2 시금치에 1을 넣어 피자 치즈를 올린 후 랩을 씌워 전자레인지로 30~40초 정도 가열한다.

3 가열한 시금치를 잘 섞는다.

7~8개월 우물기 1주차

만들기도 간단하고 아기도 좋아하는

콘플레이크죽

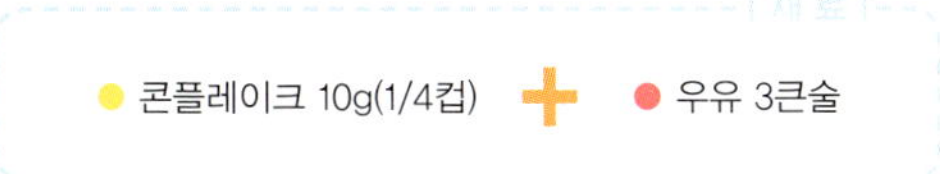

재료
콘플레이크 10g(1/4컵)
우유 3큰술

1 콘플레이크는 손으로 잘게 부순다.

2 콘플레이크에 우유를 넣은 후 랩을 씌워 전자레인지로 30~40초 정도 가열한다.

| 콘플레이크 바로 알기 |

콘플레이크는 옥수수 알갱이가 원료인 식품이에요. 콘플레이크는 제조 과정에서 비타민, 나이아신, 철분 등을 따로 넣었어요. 그러므로 영양이 골고루 배합되어 있어 이유식이나 유아식에 아주 좋은 식품이에요. 콘플레이크를 고를 때 제품 뒷면에 있는 영양 정보를 확인하면 적절한 제품을 구입할 수 있답니다.

단호박 흰살생선 탕수죽

토마토 요거트수프

달콤함과 고소함의 환상적 궁합

단호박 흰살생선 탕수죽

재료

1 7배죽에 물(1작은술)을 넣고 랩을 씌워 전자레인지로 1분 30초 정도 가열한다.
2 단호박과 흰살생선에 물(2작은술)을 넣고 랩을 씌워 전자레인지로 30~40초 정도 가열한다.
3 가열한 단호박과 흰살생선은 잘 섞어서 7배죽과 같이 접시에 담는다.

7~8개월 우물기 1주차

순하고 상큼한 장운동에 도우미

토마토 요거트수프

재료

● 어슷썬 토마토 1조각 + ● 플레인 요거트 1큰술 + ● 올리브유 약간

1 토마토는 씨를 빼고 숟가락으로 살을 떠서 으깬다.
2 으깬 토마토 10g(2작은술)을 요거트에 넣고 잘 섞는다.
3 2에 올리브유를 떨어트린다.

쉿! 엄마만 아는 TIP

우물기부터는 식사 예절을 가르쳐야 할 시기예요. 아기가 산만하게 밥을 먹는다거나 투정을 부린다면 바른 식사 예절을 가르쳐주세요. 이때부터 몸에 밴 식습관이 유아기까지 간다는 사실을 잊지 마세요.

가다랭이포 토마토죽

가다랭이포를 올려서
감칠맛이 뛰어나요!

낫또 시금치무침

상큼한 맛에 한입 더 먹게 되는

가다랭이포 토마토죽

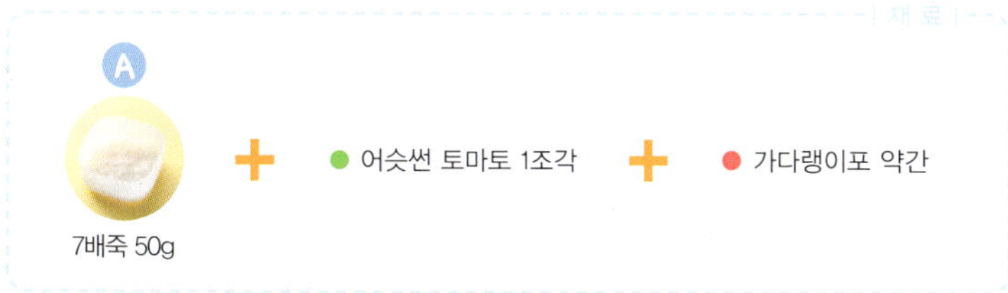

1 7배죽에 물(1작은술)을 넣고 랩을 씌워 전자레인지로 1분 30초 정도 가열한다.
2 토마토는 씨를 빼고 숟가락으로 살을 떠서 잘게 썬다.
3 잘게 썬 토마토 5g(1작은술)을 7배죽에 넣고 잘 섞는다.
4 3 위에 가다랭이포를 뿌린다.

7~8개월 우물기 1주차

밭에서 나는 소고기 '콩'과 채소의 왕 '시금치'의 만남

낫또 시금치무침

1 시금치와 낫또는 랩을 씌워 전자레인지로 30~40초 정도 가열한다.
2 가열한 시금치와 낫또에 간장을 넣고 잘 섞는다.

TIP 아기가 처음 맛보는 낫또는 확실히 가열해야 안심할 수 있어요.

Thursday

낫또 단호박무침

후루츠죽

우물우물 연습에 딱 맞는 조합 낫또 단호박무침

1 단호박에 물(1작은술)을 넣고 랩을 씌워 전자레인지로 30~40초 정도 가열한다.
2 낫또는 랩을 씌워 전자레인지로 30~40초 정도 가열한다.
3 단호박 위에 낫또를 뿌린다.

후르츠 칵테일 같은 느낌의 맛 후루츠죽

1 바나나와 딸기는 잘게 썬다.
2 7배죽에 바나나와 딸기를 넣고 랩을 씌워 전자레인지로 1분 30초 정도 가열한다.
3 가열한 것을 잘 섞는다.

| 예쁜 색깔에 한 번 반하고, 풍부한 영양소에 두 번 반하는 단호박 |

단호박은 식이섬유가 풍부해 변비 예방에 좋아요. 단호박 안에 들어있는 베타카로틴은 체내에서 비타민A로 바뀌어 눈 건강에 도움을 줘요. 게다가 단호박은 감기 예방효과도 있어요. 단호박은 색이 예뻐서 아이들도 좋아하니 일석다조 식재료예요!

Friday

시금치 흰살생선무침

단호박죽

영양도 듬뿍, 우물거리는 식감도 최고!

시금치 흰살생선무침

1 다싯물과 녹말가루를 잘 섞는다.

2 시금치와 흰살생선에 1을 넣고 랩을 씌워 전자레인지로 30~40초 정도 가열한다.

3 가열한 것을 잘 섞는다.

7~8개월 우물기 1주차

몽글몽글하고 달달해서 실패 없는 이유식

단호박죽

1 7배죽과 단호박에 물(1작은술)을 넣고 랩을 씌워 전자레인지로 1분 30초 정도 가열한다.

2 가열한 7배죽과 단호박을 잘 섞는다.

생후 7~8개월경

"우물기 2주차"

우물기부터는 먹을 수 있는 단백질원 식품이 훨씬 많아져요.
그러므로 다양한 이유식을 만들 수 있죠.
우물기 2주차부터는 저지방이어서 더 좋은
연한 닭가슴살과 간하지 않은 붉은살생선을 먹일 수 있어요.
단백질 식재료는 알레르기를 일으킬 수 있어서
아기가 먹고 난 뒤 반응을 잘 살펴보고 지속하세요.
아기 몸에 부담이 되지 않도록 식재료의 기준량을 지켜서 조리하세요.

호리에 선생님의 맛있는 팁!

"아기에게도 식성이 있어요!"

어른들에게 식성이 있듯이 아이에게도 식성이 있어요. 엄마가 여러 가지 메뉴를 고민해서 먹인다고 해도, 아기의 식성이 태어날 때부터 정해져있는 건 어쩔 수 없어요. 아기가 잘 먹는 음식을 살피며 식성을 파악해보세요. 아기가 좋아하는 이유식을 예측할 수 있어 엄마가 한결 편해져요.

하지만 자라나는 아기는 좋아하던 것을 갑자기 싫어하게 되거나 먹기 싫어하던 것을 좋아하게 되기도 하죠. 아이의 변덕에 포기는 금물! 아기의 성장에 맞춰서 더 맛있는 이유식을 만들어주세요.

이것만 밑 손질해두면 월요일부터 금요일까지 OK

A
우물기 전반은 부드러운 죽으로!
7배죽

| 재료 | 쌀 1/4컵(50ml), 물 350ml

50g x 6~7회분

1 전기밥솥에 쌀과 물을 넣고 죽모드로 취사한다.
2 7배죽은 50g(3큰술)씩 소분 용기에 넣거나, 랩으로 보자기처럼 싸서 냉동한다.

B
과일과 채소의 두 가지 특성을 모두 갖춘
토마토

| 재료 | 토마토 1개(120g)

10g x 8회분

1 토마토는 껍질째 가로로 반을 자른다.
2 반으로 자른 토마토는 씨를 빼고 십자로 잘라서 4등분한다.
3 토마토는 지퍼백에 넣어서 냉동하고, 요리할 때 물을 묻혀 껍질을 벗긴다.

TIP

* 토마토는 날것 그대로 냉동하고, 조리할 때 가열하세요!

섬유질이 풍부한
양배추

| 재료 | 양배추 잎 2장(50g)

10g x 5회분

1. 양배추는 가운데 심과 두꺼운 잎맥을 제거한다.
2. 양배추에 물(2큰술)을 넣고 랩을 씌워 전자레인지로 5분 정도 가열한다.
3. 가열한 양배추는 체에 밭쳐 물기를 뺀 후 잘게 채썬다.
4. 양배추는 1/5(10g)씩 랩에 올려 평평하게 싸서 냉동한다.

포를 떠서
잘 풀어지게 만든
연한 닭가슴살

| 재료 | 연한 닭가슴살 50g, 녹말가루 1/2작은술

10g x 5회분

1. 연한 닭가슴살은 얇게 포 떠서 녹말가루를 묻힌다.
2. 연한 닭가슴살에 물(1큰술)을 넣고 랩을 씌워 전자레인지로 40초~1분 정도 가열한다.
3. 가열한 연한 닭가슴살을 잘게 풀어놓는다.
4. 연한 닭가슴살을 1/5(10g)씩 랩에 올려 평평하게 싸서 냉동한다.

E

오메가3도
냠냠!
캔참치

| 재료 | 캔참치 1캔(80g)

1. 캔참치는 체에 밭쳐 뜨거운 물을 붓는다.
2. 참치는 1/8(10g)씩 소분 용기에 담거나, 랩으로 싸서 냉동한다.

집에 있는 식재료와 조합하기

식빵
식빵은 손으로 잘게 찢어주세요. 식빵 테두리도 부드럽게 익히면 먹을 수 있어요.

오이
오이는 껍질과 씨를 제거한 뒤 강판에 갈면 식감이 좋아져요.

우유
우유는 분유 맛 리조또를 만들거나, 빵죽을 만들 때 필요해요.

두부
말랑말랑한 연두부는 우물기 이유식에 딱 적당한 형태예요.

히키와리 낫또
히키와리 낫또가 없으면 일반 낫또를 칼로 잘게 다져도 괜찮아요.
낫또가 없을 때는 청국장 발효기를 이용해서 수제 청국장을 만들어도 좋아요. 이때 소금은 넣지 마세요.

플레인 요거트
플레인 요거트는 가열하면 안 돼요.
꼭 무설탕 플레인 요거트를 사용하세요.

치즈가루
치즈가루는 염분과 지방이 많으므로 적은 분량만 사용하세요.

가다랭이포
가다랭이포는 손으로 잘게 부순 후 죽에 섞으세요.

다싯물 **녹말가루** **채소수프** **설탕**

Monday
요거트 치킨샐러드
양배추죽

토마토와 오이로 신선함과 상큼함을 한번에!

요거트 치킨샐러드

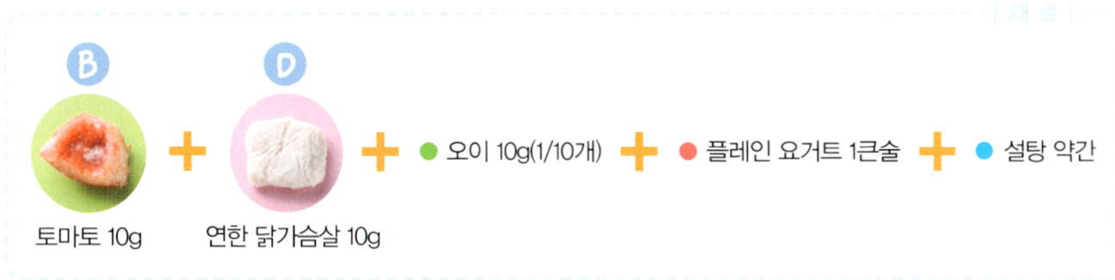

1 토마토는 물을 묻혀서 껍질을 벗긴다.
2 연한 닭가슴살에 토마토를 넣고 랩을 씌워 전자레인지로 30~40초 정도 가열한다.
3 가열한 토마토와 연한 닭가슴살을 으깨가며 잘 섞는다.
4 오이는 껍질과 씨를 제거하고 강판에 간 후 플레인 요거트와 설탕을 넣고 잘 섞는다.
5 4를 그릇에 담고 위에 3을 얹는다.

7~8개월
우물기
2주차

매일 먹는 죽에 달달한 식감을 더한

양배추죽

1 7배죽에 양배추와 물(1작은술)을 넣고 랩을 씌워 전자레인지로 1분 30초 정도 가열한다.
2 가열한 7배죽과 양배추를 잘 섞는다.

토마토 참치 두부

다싯물 탕수죽

맛의 우열을 가릴 수 없는 최고의 조합

토마토 참치 두부

1 토마토는 물을 묻혀서 껍질을 벗긴다.
2 캔참치에 토마토, 두부, 녹말가루를 넣어 섞은 후 랩을 씌워 전자레인지로 40초~1분 정도 가열한다.
3 가열한 것은 포크로 으깨가며 잘 섞는다.

7~8개월
우물기
2주차

다싯물의 걸쭉한 식감으로 기가 막히게 맛있는

다싯물 탕수죽

1 냄비에 다싯물과 녹말가루를 넣고 잘 섞은 후 중약불로 걸쭉해질 때까지 끓인다.
2 7배죽에 물(1작은술)을 넣고 랩을 씌워 전자레인지로 1분 30초 정도 가열한다.
3 7배죽 위에 1을 뿌린다.

Wednesday

닭고기와 채소 밀크리조또

간편하면서도 맛까지 만족스러운

닭고기와 채소 밀크리조또

재료
A
B
C
D
7배죽 50g
토마토 10g
양배추 10g
닭고기 10g
우유 2큰술
치즈가루 약간

1 토마토는 물을 묻혀서 껍질을 벗긴다.

2 냄비에 7배죽과 토마토, 양배추, 닭고기, 우유를 넣고 중약불에 올려 토마토를 으깨가면서 끓인다.

3 2를 그릇에 담은 후 치즈가루를 뿌린다.

7~8개월
우물기
2주차

닭고기는 알레르기 위험이 적은 단백질 식품이어서 안심하고 먹일 수 있어요. 아기가 쑥쑥 크려면 2살 때까지는 고기를 꾸준히 먹여야 해요.

쉿! 엄마만 아는 TIP

다싯물과 채소수프를 자유롭게 조합해보세요. 밀크리조또를 만들 때 우유 대신 다싯물을 넣고 끓이면 일본식 죽이 되고 채소수프를 넣어 끓이면 산뜻한 리조또가 돼요. 취향이나 기분에 맞춰 다양한 맛을 낼 수 있어요.

Thursday
토마토 빵죽
양배추 참치수프

감칠맛 나는 빵죽과 산뜻한 토마토의 조합

토마토 빵죽

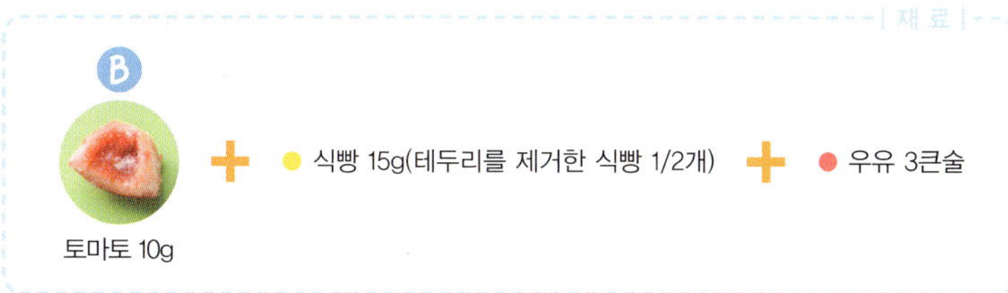

재료
B
토마토 10g
식빵 15g(테두리를 제거한 식빵 1/2개)
우유 3큰술

1 토마토는 물을 묻혀서 껍질을 벗긴다.

2 냄비에 잘게 찢은 식빵과 우유, 토마토를 넣고 중약불에 올려 토마토를 으깨가며 끓인다.

7~8개월
우물기
2주차

녹말가루가 섬유질을 부드럽게 해서 먹기 좋은

양배추 참치수프

1 채소수프와 녹말가루를 잘 섞는다.

2 양배추와 참치에 1을 넣고 랩을 씌워 전자레인지로 40초~1분 정도 가열한다.

3 가열한 것을 잘 섞는다.

Friday

양배추 낫또무침

가다랭이포죽

낫또의 찐득찐득함이 잎채소를 먹기 좋게 만드는

양배추 낫또무침

1 양배추는 랩을 씌워 전자레인지로 30~40초 정도 가열한다.

2 가열한 양배추에 히키와리 낫또를 넣고 잘 섞는다.

가다랭이포로 풍미를 더한

가다랭이포죽

1 7배죽에 물(1작은술)을 넣고 랩을 씌워 전자레인지로 1분 30초 정도 가열한다.

2 7배죽 위에 가다랭이포를 뿌린다.

| 세계 5대 슈퍼푸드 낫또 |

낫또는 콩을 물에 불린 다음 삶아서 일정한 온도에서 발효시킨 식품이에요. 낫또의 장점은 날것 그대로 먹을 수 있다는 거예요.
콩은 '칼슘의 보고'라고 불려요. 콩이 주 원료인 낫또에는 성장기 아기에게 필요한 칼슘과 비타민이 다량 함유되어 있답니다.

생후 7~8개월경

"우물기 3주차"

아기가 혀로 우물거리며 먹는 게 능숙해지면
부드러운 우동에 도전해보세요!
우물기 3주차는 우동이 주식이에요.
생우동을 이용하면 조리 과정이 간편해요.
달걀노른자는 알르레기를 유발할 수 있기 때문에
아기의 반응을 살피며 조금씩 양을 늘려나가요.
4종류의 채소가 가득 들어간 채소수프 미네스트로네와
달걀노른자를 이용해서 다채롭고 영양 만점인
이유식을 만들어보세요.

호리에 선생님의 맛있는 팁!

"식사는 부모님과 함께하는 즐거운 시간으로 만들어요!"

이유식은 아기가 난생 처음으로 맛보는 세상의 음식이에요. 당연히 아기에게는 낯설 수밖에 없죠. 아기가 잘 먹지 않거나 투정을 부릴 때도 있지만 꾹 참고 웃는 얼굴로 대해주세요. 빨리 먹으라고 채근하거나 화내지 말아요. 엄마가 무서운 얼굴로 숟가락을 내밀면 아기도 먹고 싶은 마음이 사라져요. 성공적인 이유식을 위해서는 엄마의 인내심이 필수예요. 식사 시간을 길게 잡고 엄마와 아기가 함께 노력하는 게 중요해요!

이것만 밑 손질해두면
월요일부터 금요일까지 OK

| 재료 | 생우동 1봉지(200g)

50g x 4회분

1 생우동은 잘게 썬 다음 뜨거운 물에 부드러워질 때까지 삶는다.
2 삶은 우동은 체에 밭쳐 물기를 뺀다.
3 우동은 1/4(50g)씩 소분 용기에 넣거나, 랩에 올려 평평하게 싸서 냉동한다.

TIP

* 생우동은 잘게 썬 후 뜨거운 물에 삶으면 살균 효과도 있고, 소분도 간편해서 좋아요.

A
간편하고
맛도 좋은
생우동

7~8개월
우물기
3주차

| 재료 | 양파 1/7개(30g), 양배추 잎 1장(30g), 감자 1/3개(50g), 당근 1/3개(50g)

8회분

1 양파와 양배추는 잘게 채썬다.
2 감자와 당근은 은행잎 모양으로 얇게 썬다.
3 냄비에 물(2컵)과 썬 채소를 모두 넣고 뚜껑을 덮어서 20~30분 정도 삶는다.
4 삶은 감자와 당근을 으깬다.
5 건더기와 국물을 1/8씩 소분 용기에 넣어 냉동한다.

B
4가지 채소로
영양이 쏙쏙!
미네스트로네

껍질을 벗기고
전자레인지에
돌리면 달콤해지는

파프리카

| 재료 | 파프리카 1/4개(50g)

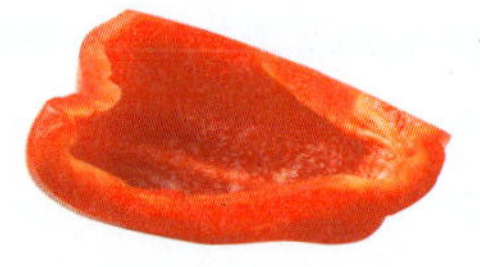

1 파프리카는 필러로 껍질을 벗긴 후 랩을 씌워 전자레인지로 3분 정도 가열한다.
2 가열한 파프리카는 잘게 채썬다.
3 파프리카는 1/5(10g)씩 랩에 올려 평평하게 싸서 냉동한다.

칼슘이 풍부해서
뼈를 튼튼하게
해주는

마른 잔멸치

| 재료 | 마른 잔멸치 50g

1 마른 잔멸치는 체에 밭쳐 뜨거운 물을 부은 후 물기를 빼고 으깬다.
2 으깬 잔멸치는 1/5(10g)씩 랩에 올려 평평하게 싸서 냉동한다.

달걀을 완숙으로
삶아서 노른자만
쏙 빼낸

달걀노른자

| 재료 | 달걀 1개

1 달걀을 완숙으로 삶은 후 노른자를 쏙 빼내 랩에 싸서 으깬다.
2 달걀은 으깬 상태 그대로 랩에 올려 평평하게 싸서 냉동한다. 달걀은 요리할 때 1/4(50g)씩 꺼내서 사용한다.

집에 있는 식재료와 조합하기

5배죽

우물기의 이유식이 순조롭게 진행되고 있다면 5배죽으로 바꿔주세요. 쌀과 물의 비율을 1 : 5로 맞춰서 만들면 돼요.

단호박

단호박은 50~100g(약 1/16~1/8개) 정도를 전자레인지로 가열하는 게 효율적이에요. 익히고 남은 단호박은 어른들이 드세요.

양배추

양배추는 잘게 채썰어 흐물흐물해질 때까지 익히세요. 집에 있는 채소로 대체해도 좋아요.

오이

오이는 샐러드에 넣으면 산뜻한 풍미를 자랑해요!

토마토주스

토마토주스는 무염 제품을 골라 사용하세요. 토마토 맛 수프에 토마토주스를 활용하면 간편해요.

플레인 요거트

플레인 요거트의 순한 맛과 식감은 우물기에 딱이에요.

삶은 콩

콩은 물을 넣어 전자레인지로 가열하면 껍질이 쉽게 벗겨져요.

다싯물 **녹말가루**

미네스트로네 우동

냉동 식재료만으로 사삭!

미네스트로네 우동

1 생우동에 미네스트로네와 마른 잔멸치를 넣고 랩을 씌워 전자레인지로 2분 30초~3분 정도 가열한다.

2 가열한 것을 잘 섞는다.

우동이나 죽에 미네스트로네를 조합하면 더욱 훌륭한 요리가 돼요! 미네스트로네의 국물과 건더기를 냉동해두면 이유식에 유익하게 활용할 수 있어요.

7~8개월 우물기 3주차

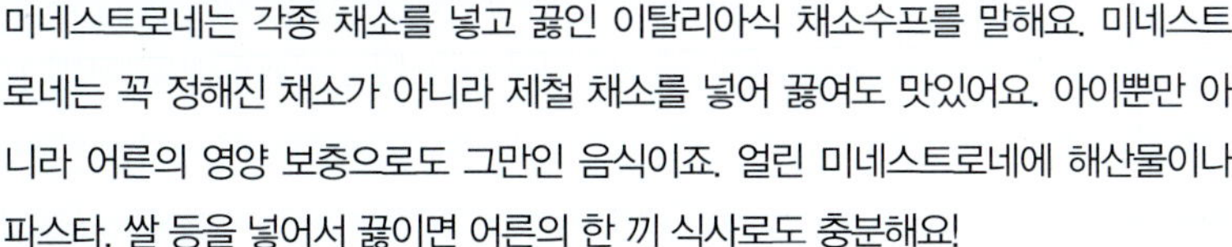

미네스트로네는 각종 채소를 넣고 끓인 이탈리아식 채소수프를 말해요. 미네스트로네는 꼭 정해진 채소가 아니라 제철 채소를 넣어 끓여도 맛있어요. 아이뿐만 아니라 어른의 영양 보충으로도 그만인 음식이죠. 얼린 미네스트로네에 해산물이나 파스타, 쌀 등을 넣어서 끓이면 어른의 한 끼 식사로도 충분해요!

Tuesday

물기를 뺀 요거트가
특별한 요리로 변신!

베이비 포테이토샐러드

까르보나라 우동

미네스트로네 건더기와 요거트를 무쳐서 만든

베이비 포테이토샐러드

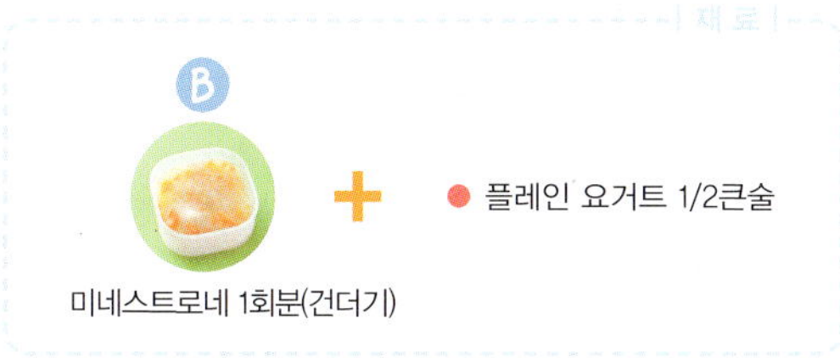

1 미네스트로네는 랩을 씌워 전자레인지로 1분 30초~2분 정도 가열한다.
2 가열한 미네스트로네는 건더기와 국물을 나눈다.
3 플레인 요거트는 여과지에 올려 물기를 뺀 후 미네스트로네 건더기와 섞는다.

미네스트로네 국물은 까르보나라 우동을 만들 때 사용하세요.

7~8개월
우물기
3주차

달걀노른자가 들어가 고소해진

까르보나라 우동

1 생우동에 미네스트로네 국물과 달걀노른자를 넣고 랩을 씌워 전자레인지로 1분 30초~2분 정도 가열한다.
2 가열한 것을 잘 섞는다.

Wednesday
조금 더 새로운 맛을
내고 싶을 때는
무염 토마토주스로
요리해보세요.
eat
토마토 미네스트로네

콩죽

토마토의 깊은 맛이 일품인

토마토 미네스트로네

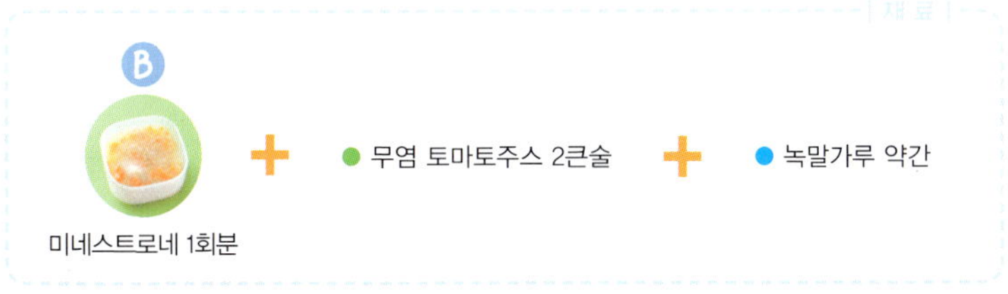

1 무염 토마토주스와 녹말가루를 잘 섞는다.
2 미네스트로네에 1을 넣고 랩을 씌우지 않은 채 전자레인지로 2분 정도 가열한다.
3 가열한 것을 잘 섞는다.

콩의 담백한 맛을 깊게 음미할 수 있는

콩죽

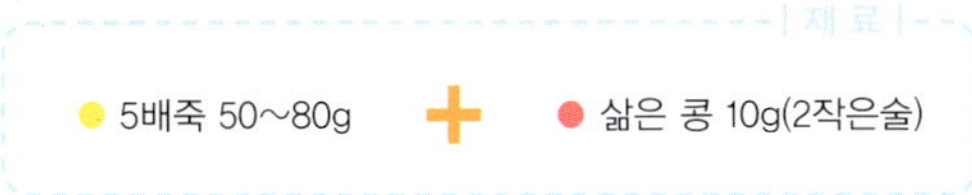

1 삶은 콩에 물(2큰술)을 넣고 랩을 씌워 전자레인지로 1분 30초 정도 가열한다.
2 삶은 콩은 속껍질을 벗긴 후 으깬다.
3 콩과 5배죽을 잘 섞는다.

| 다양한 요리에 활용할 수 있는 콩가루 |

콩가루는 식이섬유가 풍부해서 변비 예방에 도움이 돼요. 이유식뿐만 아니라 다른 음식에도 조금씩 넣으면 좋은 효과를 볼 수 있죠. 된장찌개나 나물을 무칠 때 1숟가락씩 넣어보세요. 맛은 더욱 고소해지고, 영양가는 더욱 풍부해져요.

Thursday
오이 달걀샐러드
파프리카죽

상큼한 맛과 아삭한 오이의 식감이 좋은

오이 달걀샐러드

1 달걀노른자는 랩을 씌워 전자레인지로 30초 정도 가열한다.
2 오이는 껍질과 씨를 제거한 후 강판에 갈아놓고, 요거트는 여과지에 올려 물기를 뺀다.
3 오이와 요거트를 잘 섞는다.
4 가열한 달걀노른자를 체에 밭쳐 내리며 3과 잘 섞는다.

7~8개월 우물기 3주차

알록달록한 색 덕분에 아기가 더 좋아하는

파프리카죽

1 5배죽에 파프리카와 물(2작은술)을 넣고 랩을 씌워 전자레인지로 1분 30초 정도 가열한다.
2 가열한 5배죽과 파프리카를 잘 섞는다.

잔멸치 양배추우동

단호박은 50~100g
(약 1/16개~1/8개)을
전자레인지로 돌리는 것이
효율적이에요.

걸쭉 파프리카 단호박죽

맛이 담백하고 건강에도 좋은

잔멸치 양배추우동

1 양배추는 약간 큼직하게 채썬 후 다싯물을 넣고 랩을 씌워 전자레인지로 1분 30초 정도 가열한다.
2 1에 생우동과 마른 잔멸치를 넣고 랩을 씌워 전자레인지로 1분 30초~2분 정도 가열한다.
3 가열한 것을 잘 섞는다.

2가지 채소로 달콤함도 2배! 맛도 2배!

걸쭉 파프리카 단호박죽

1 단호박 50g은 껍질째 랩을 씌워 전자레인지로 1분 30초 정도 가열한다.
2 가열한 단호박은 숟가락으로 10g(2작은술) 정도를 퍼내서 물(2작은술)을 넣고 잘 섞는다.
3 파프리카는 랩을 씌워 전자레인지로 30~40초 정도 가열한다.
4 가열한 파프리카는 2와 잘 섞는다.

생후 7~8개월경

"우물기 4주차"

아기가 이유식에 질리지 않아야 앞으로도 쭉 평화로운 식사를 할 수 있어요. 우물기 4주차의 주식은 5배죽이에요. 우물기 후반에 다다를수록 아기는 간하지 않은 죽을 싫어해요. 이때 다양한 재료를 죽에 넣어 아기가 죽에 질리지 않게 해주세요. 죽에 생선이나 채소를 섞거나 김이나 콩가루를 토핑해서 다채로운 요리를 만들어보세요. 엄마가 고민할수록 아기가 음식을 맛있게 먹을 수 있다는 것을 잊지 마세요!

Mom's Note

"아기에게 물을 먹여요."

아기가 먹는 물은 되도록 끓여 먹이는 게 좋아요. 차가운 물보다는 약간 미지근한 물을 먹이는 게 좋죠. 보리차나 루이보스티를 우려서 줘도 괜찮아요. 단, 유기농 차가 적절해요. 물은 젖병에 넣어서 먹이는 것부터 시작하세요. 젖병 다음으로는 스파우트 컵을 사용해보세요. 스파우트 컵은 젖병과 비슷한 형태로 만들어진 컵이에요. 부드러운 재질로 되어있어 아기가 물을 빨아 먹기 쉬워요. 스파우트 컵에 익숙해지면 천천히 빨대 컵도 시도해보세요. 빨대 컵은 말 그대로 빨대가 꽂혀 있는 컵이에요. 아기도 취향이 있으니 귀엽고 예쁜 캐릭터 컵을 구입하세요. 아기가 손가락을 잘 움직이게 되면 아기용 컵을 사서 사용법을 알려주세요.

이것만 밑 손질해두면 월요일부터 금요일까지 OK

A

5배의 물을 넣고 취사하면 완성!

5배죽

| 재료 | 쌀 1컵(200ml), 물 1L

80g x 13~14회분

1 전기밥솥에 쌀과 물을 넣고 죽모드로 취사한다.
2 5배죽을 80g(5큰술)씩 소분 용기에 넣거나, 랩으로 보자기처럼 싸서 냉동한다.

7~8개월 우물기 4주차

B

둥글게 썰어서 삶으면 끝!

당근

| 재료 | 당근 1/3개(50g)

10g x 5회분

1 당근은 껍질을 벗기고 5mm 두께로 둥글게 썬다.
2 썬 당근을 찬물에 넣고 부드러워질 때까지 삶는다.
3 삶은 당근을 으깨거나, 잘게 썬다.
4 당근을 1/5(10g)씩 랩에 올려 평평하게 싸서 냉동한다.

TIP

* 당근은 손가락으로 가볍게 부서질 정도로 삶는 게 적당해요.

C

꽃봉오리 부분만 부드럽게 데친

브로콜리

| 재료 | 브로콜리 1/4개(꽃봉오리 부분 50g)

1 브로콜리는 끓는 물에서 5분 정도 부드러워질 때까지 데친다.
2 익힌 브로콜리는 꽃봉오리 부분만 잘게 으깬다.
3 브로콜리는 1/5(10g)씩 랩에 올려 평평하게 싸서 냉동한다.

D

녹말가루로 부드럽게 완성!

연한 닭가슴살

| 재료 | 연한 닭가슴살 50g, 녹말가루 1/2작은술

10g x 5회분

1 연한 닭가슴살은 포를 뜬 후, 녹말가루를 묻힌다.
2 1에 물(1큰술)을 넣고 전자레인지로 40초~1분 정도 가열한다.
3 가열한 닭가슴살을 잘게 풀어놓는다.
4 닭가슴살은 1/5(10g)씩 랩에 올려 평평하게 싸서 냉동한다.

- **오트밀** 오트밀은 귀리의 껍질을 벗긴 후 갈아서 압착한 재료예요. 오트밀은 식이섬유와 영양소가 풍부해서 주식으로도 좋아요!
- **감자** 감자는 탄수화물이 많아서 에너지원이 되는 재료예요. 감자에는 비타민C도 많아서 이유식 재료로 좋아요.
- **밀기울** 밀기울은 밀에서 밀가루를 얻고 난 찌꺼기예요. 식재료로 쓰면 독특한 식감을 내는 게 특징이죠. 우물기 후반부터 밀기울을 먹일 수 있어요.
- **바나나** 바나나는 죽으로도 만들 수 있고 채소를 넣어서 무침 요리도 할 수 있어요. 단맛과 걸쭉함의 조합이 훌륭해서 아기들이 좋아하는 식재료예요.

| 재료 | 연어 50g, 녹말가루 1/4작은술

E

DHA 함량이 높아 머리가 좋아지는

연어

1. 연어는 껍질과 뼈를 제거해서 포를 뜬 후 녹말가루를 묻힌다.
2. 녹말가루를 묻힌 연어에 물(1큰술)을 넣고 전자레인지로 40초~1분 정도 가열한다.
3. 가열한 연어는 잘게 풀어놓는다.
4. 연어는 1/5(10g)씩 랩에 올려 평평하게 싸거나, 컵에 넣어 냉동한다.

TIP

* 연어를 살 때는 지방 함량이 적은 것을 고르세요. 지방이 많은 연어는 아기 건강에 좋지 않아요.

| 집에 있는 식재료와 조합하기 |

- **포도** 포도는 냉동해서 물을 묻히면 껍질이 쏙 벗겨져요. 포도는 씨와 껍질을 제거하고 사용하세요.
- **구운김** 구운김에 물이나 다싯물을 넣어서 흐물흐물하게 조리하세요. 맛이 강한 조미김은 이유식 재료로 불합격이에요!
- **치즈가루** 치즈가루는 염분과 지방이 많으므로 이유식에서는 소량을 사용하세요.
- **콩가루** 콩가루는 죽의 토핑으로 쓰면 좋아요! 아기가 목이 메지 않도록 죽에 콩가루를 잘 섞어서 먹이세요.
- **다싯물** ● **채소수프** ● **녹말가루**

연어죽

당근 브로콜리수프

맛이 순해 질리지 않는 이유식

연어죽

1 5배죽과 연어에 물(2작은술)을 넣고 랩을 씌워 전자레인지로 2분 정도 가열한다.

2 가열한 5배죽과 연어를 잘 섞는다.

비타민이 듬뿍, 녹황색 채소의 콤비

당근 브로콜리수프

1 채소수프와 녹말가루를 잘 섞는다.

2 당근과 브로콜리에 1을 넣고 랩을 씌워 전자레인지로 30~40초 정도 가열한다.

3 가열한 것을 잘 섞는다.

7~8개월 우물기 4주차

| 브로콜리에 관한 모든 것! |

브로콜리는 색이 선명하고, 꽃봉오리가 꽉 다물어져 있는 것을 고르세요. 브로콜리에 함유된 비타민C는 레몬의 2배여서 감기 예방 효과도 있어요. 게다가 브로콜리는 칼슘의 흡수를 도와주는 역할도 해요. 브로콜리는 어른과 아기에게 모두 좋은 웰빙 식품이에요.

김죽

브로콜리 닭가슴살탕수

마른 김을 촉촉한 조림으로 만들면 우물기에 딱!

김죽

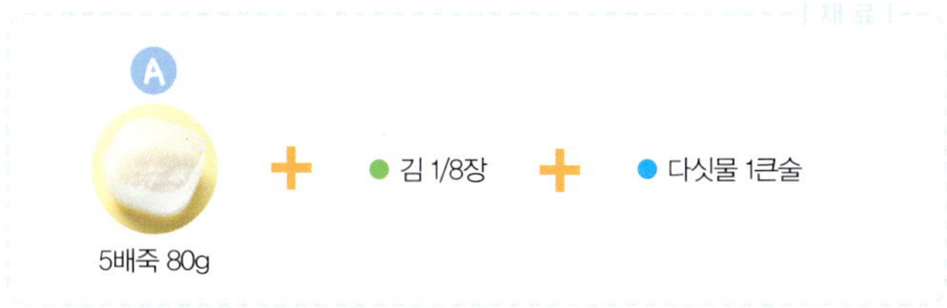

1 김은 잘게 찢어서 다싯물을 넣고 잘 섞는다.

2 5배죽에 물(1작은술)을 넣고 랩을 씌워 전자레인지로 2분 정도 가열한다.

3 5배죽 위에 1을 올린다.

7~8개월
우물기
4주차

물의 양으로 농도를 조절하는

브로콜리 닭가슴살탕수

1 브로콜리에 물(1작은술)을 넣고 랩을 씌워 전자레인지로 30~40초 정도 가열한다.

2 연한 닭가슴살에 물(1작은술)을 넣고 랩을 씌워 전자레인지로 30~40초 정도 가열한다.

3 가열한 브로콜리 위에 연한 닭가슴살을 올린다.

Wednesday

브로콜리 오트밀

먹이고 싶은 재료를
매쉬포테이토에
넣으면 완성!

연어 치즈 매쉬포테이토

영양이 듬뿍! 채소가 듬뿍!

브로콜리 오트밀

1 오트밀에 브로콜리와 물(4큰술)을 넣고 랩을 씌워 전자레인지로 1분 30초 정도 가열한다.

2 가열한 브로콜리와 오트밀을 잘 섞는다.

7~8개월 우물기 4주차

감자에 연어와 치즈의 맛이 듬뿍 밴

연어 치즈 매쉬포테이토

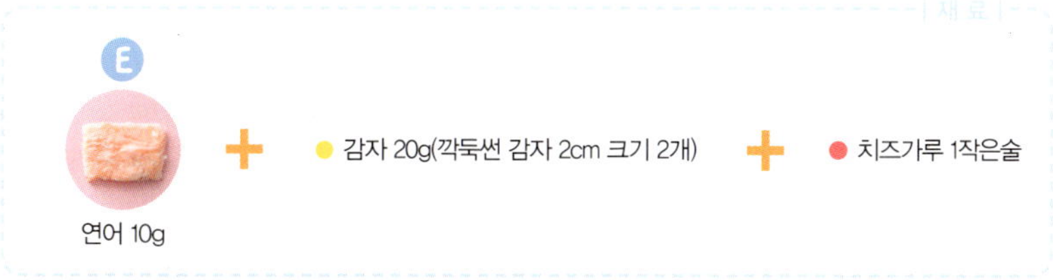

1 감자는 껍질을 벗긴다.

2 감자에 연어와 치즈가루를 넣고 랩을 씌워 전자레인지로 1분 정도 가열한다.

3 가열한 것을 포크로 으깨가며 잘 섞는다.

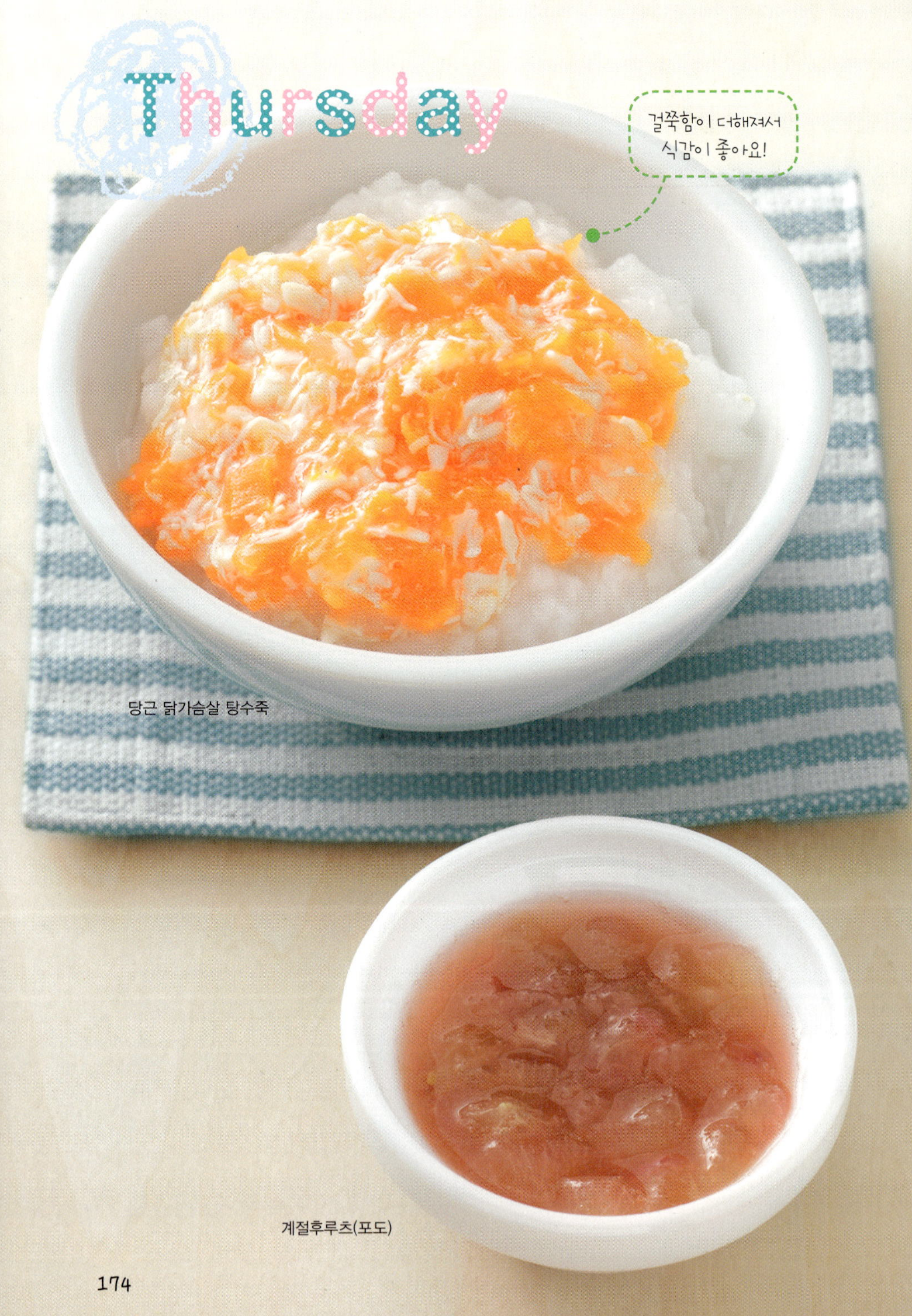
Thursday
걸쭉함이 더해져서
식감이 좋아요!
당근 닭가슴살 탕수죽

계절후루츠(포도)

촉촉한 당근으로 고기의 푸석거림을 잡은

당근 닭가슴살 탕수죽

1 5배죽에 물(2작은술)을 넣고 랩을 씌워 전자레인지로 2분 정도 가열한다.
2 다싯물과 녹말가루를 잘 섞는다.
3 당근과 연한 닭가슴살에 2를 넣고 랩을 씌워 전자레인지로 30~40초 정도 가열한다.
4 가열한 당근과 닭가슴살을 잘 섞는다.
5 5배죽 위에 4를 올린다.

엄마도 편하고 아기도 좋아하는

계절후루츠(포도)

재료

- 포도 20g

1 포도는 껍질과 씨를 제거하고 랩을 씌워 전자레인지로 30~40초 정도 가열한다.
2 가열한 포도를 잘게 으깬다.

TIP 포도는 냉동하면 껍질이 쏙 벗겨져서 요리하기 편해요.
포도 대신 아기가 좋아하는 과일로 요리해도 괜찮아요.

걸쭉 당근 밀기울죽

콩가루 바나나죽

밀기울로 식감이 좋아진

걸쭉 당근 밀기울죽

1 밀기울은 물에 담근 후 건져서 물기를 뺀다.
2 당근에 우유, 치즈가루, 밀기울을 넣고 랩을 씌워 전자레인지로 1분 정도 가열한다.
3 가열한 것을 잘 섞는다.

고소함에 달콤함을 더해서 우물우물!

콩가루 바나나죽

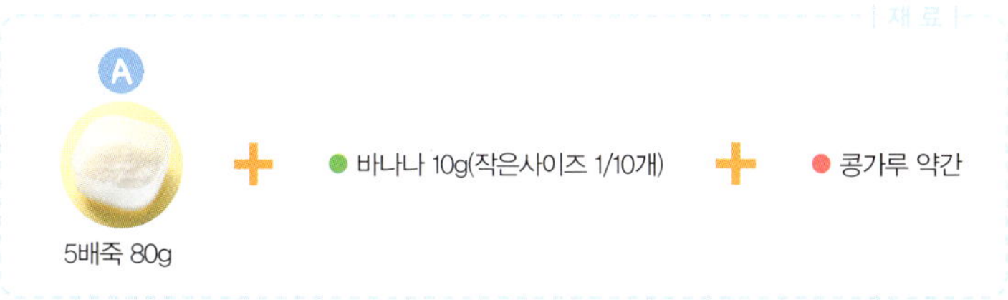

1 5배죽에 물(2작은술)을 넣고 랩을 씌워 전자레인지로 2분 정도 가열한다.
2 바나나는 랩에 싸서 으깬다.
3 5배죽 위에 콩가루를 뿌린 뒤 바나나를 올린다.

바나나를 섞어가며 먹이면 풍미가 살아나서 아기가 좋아해요!

이런 모습이 보이면 냠냠기로 GO GO!

- 두부 정도의 부드러운 덩어리를 입을 움직여서 먹고 있다.
- 한 끼를 합치면 어린이용 찻잔의 1컵 정도 분량을 먹고 있다.
- 얇게 썬 바나나를 먹이면 잇몸으로 씹는 것 같은 흉내를 낸다.

Tip 먹는 양은 아기마다 개인차가 크므로 조금 먹더라도 아기가 잘 따라온다면 그대로 진행하세요.

이유식은 하루 세 번!
어른들의 식사 리듬에 맞춰나가요

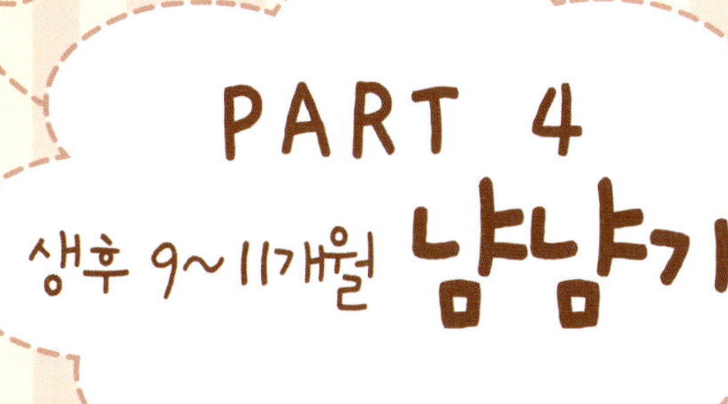

PART 4
생후 9~11개월 냠냠기

생후 9~11개월 냠냠기는 이런 시기!

엄마가 아기의 발달 과정을 잘 알면 이유식을 시도하기 쉬워져요.
아기를 이해하고 성장 속도에 맞춰 이유식을 할 수 있죠.
아기의 발달 과정부터 냠냠기 이유식의 특이점, 횟수, 이유식 장소,
꼭 알아야 할 원칙까지 모두모두 정리했어요.

먹다가 장난을 치거나 편식을 해도 걱정하지 마세요

이유식이 1일 3회가 되면 '먹다가 장난을 쳐요.', '먹는 양에 차이가 많아요.', '편식이 심해요.' 등 엄마의 고민이 늘어나요. 하지만 이것도 발달 과정 중 하나이니 여유를 갖고 지켜봐주세요.
아기가 스스로 손을 이용해서 음식을 먹고 싶어하는 것은 중요한 발달 과정이에요. 아기가 손으로 음식을 마구 뭉개는 것은 형태를 만져가며 학습하고 있다는 증거예요. 냠냠기에는 손으로 잡고 먹을 수 있는 메뉴를 가득 넣었어요. 아기 스스로 먹는 것에 흥미를 갖게 도와주세요.

생후 9~11개월 냠냠기 아기의 발달 과정

- 좋고 싫은 것이 생긴다
- 엄마 손을 잡고 걸음마를 할 수 있다
- 이가 나오기 시작한다
- 컵을 사용할 수 있다
- 스스로 먹고 싶어하는 욕구가 생긴다

생후 9~11개월의 아기는 좋고 싫은 것에 대한 취향이 분명해요. 밥을 먹을 때 의사 표현을 시작하죠. 아기가 말을 잘 못해서 의사 소통이 어렵지만 이유식을 먹지 않을 때는 분명히 어떤 이유가 있을 거예요. 엄마가 잘 관찰해주세요.
이 시기부터 아기는 혼자 벽이나 의자를 짚고 일어설 수 있어요. 엄마 손을 잡고 몇 걸음 걸을 수도 있죠. 아기의 손가락 근육은 더욱 발달해서 음식을 손으로 잡고 먹을 수 있어요. 아기 스스로 먹고 싶어하는 욕구도 생겨나요. 젖니가 나는 아기도 있으니, 수유나 이유식 후에 거즈나 핑거 칫솔로 이를 깨끗이 닦아주세요. 아기마다 발달 과정에는 조금씩 차이가 있으니 늦다고 걱정하지 마세요.

잇몸으로 냠냠! 아기 손으로 음식을 잡고 먹어요

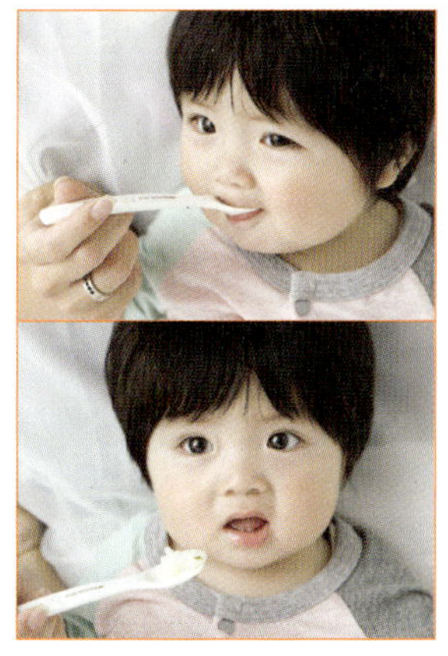

숟가락을 아기의 아랫입술에 올려주세요. 그러면 아기는 윗입술을 닫아서 입속으로 음식을 가져가요. 혀로 으깰 수 없는 음식은 좌우로 옮겨가며 잇몸으로 냠냠, 씹어 먹을 수 있어요.
아기가 흥미를 갖고 손으로 음식을 만진다면 혼내지 말고 지켜봐주세요. 스스로 먹고 싶다는 소중한 욕구예요. 이 시기부터는 아기가 손으로 잡고 먹을 수 있는 음식을 만들어주세요. 바나나, 삶은 채소스틱, 한입보다 조금 큰 크기의 구이 등이 손으로 잡고 먹기에 적절한 음식이에요.

완숙 바나나 정도의 굳기로 만들어주세요

냠냠기 아기의 혀는 앞뒤, 위아래뿐만 아니라 좌우로도 움직일 수 있어요. 혀와 위턱으로 으깰 수 없는 것은 잇몸으로 냠냠 씹을 수 있죠. 그래서 냠냠기 이유식의 굳기는 완숙 바나나 정도가 적당해요. 굳기의 기준은 음식을 손가락으로 집어서 가볍게 힘을 주면 으깨지는 정도예요. 스틱 상태의 바나나는 아기가 앞니와 잇몸으로 한입 베어 무는 연습을 할 때 좋아요!

이유식, 언제 몇 시쯤 먹일까요?

- 아침, 점심, 저녁으로 1일 3회 이유식을 진행하세요.
- 2회식을 시작한 것이 생후 6개월경이나 7개월경이라도 생후 10개월경부터는 3회식을 시작하는 게 좋아요.
- 가능하면 가족 모두가 함께 식사하세요.

Schedule

아침	이유식 + 모유, 분유	**오전 중**	모유, 분유
점심	이유식 + 모유, 분유	**오후**	모유, 분유
저녁	이유식 + 모유, 분유	**자기 전**	모유, 분유

이유식, 어디서 먹일까요?

아기가 의자에 앉아서 손으로 음식을 잡고 먹을 수 있는 환경을 만들어주세요. 의자 밑에 비닐 시트를 깔아두면 음식을 흘려도 치우기 편해요.

아기가 의자에 앉아서 무리 없이 손에 음식을 쥘 수 있도록 의자 높이를 조절해주세요. 아기 발이 바닥에 확실히 닿으면 잇몸에 힘을 주어 음식을 잘 씹을 수 있어요. 냠냠기에는 위아래 앞니가 나오는 아기도 있어요!

이유식의 적정량은 어느 정도일까요?

소식하는 아기도 있는가 하면 잘 먹는 아기도 있기 마련이죠. 입이 짧은 아기라도 냠냠기부터는 하루에 3회 이유식을 하는 게 중요해요. 아기가 1일 3회 식사 리듬에 익숙해지면 식사 전에 소화액이 나와서 공복을 더 크게 느끼게 돼요. 또한 버터나 치즈 등을 사용해서 소량이라도 높은 열량을 내는 메뉴를 고민해 주세요. 잘 먹는 아기의 경우 채소의 양을 늘려도 괜찮아요.

에너지원 식품	5배죽 90g → 진밥 80g
비타민 · 미네랄원 식품	채소 + 과일 30g → 40g
단백질원 식품	두부 45g(생선, 육류의 경우 15g)

냠냠기의 기본 식재료 손질법

큼직하게 깍둑썰기

슬슬 헤쳐놓기

| 큼직하게 깍둑썰기 | 부드럽게 삶은 채소, 두부 등을 5~7mm 크기로 깍둑썰어 주세요. 잎채소는 채 썰어 주세요.

| 슬슬 헤쳐놓기 | 부드러운 생선은 체에 밭쳐 으깨지 않아도 돼요. 그릇에 생선을 넣고 포크로 슬슬 풀어헤쳐 놓기만 하면 끝!

| 꼭 기억해두어야 할 냠냠기 이유식의 기본 원칙 |

- 아기 발이 바닥에 닿을 수 있게 의자 높이를 조절한 뒤 이유식을 먹인다.
- 1일 3회 이유식을 기준으로 삼는다.
- 스스로 먹는 욕구가 생긴 아기를 위해 핑거 푸드를 만들어 먹인다.
- 아기의 취향을 고려해서 이유식을 시도한다.
- 더욱 다양한 메뉴를 만들어준다.

이유식 1회 분량의 모양과 굳기를
쌀(죽), 당근, 멜론, 두부로 비교해보세요!
채썬 멜론
두부 버터볶음
당근수프
전반
5배죽

쌀(5배죽)	쌀1 : 물5의 비율로 지은 죽이에요. 1회 이유식 분량은 90g(6큰술) 정도가 적당해요.
당근(당근수프)	당근 20g을 부드럽게 삶아서 5mm 크기로 깍둑썬 후 냄비에 넣으세요. 냄비에 당근이 잠길 정도의 채소수프를 붓고 끓이세요. 소금 또는 간장을 극소량 넣어도 괜찮아요(다싯물로 끓여도 좋아요).
멜론(채썬 멜론)	잘 익은 멜론 과육 10g을 5mm 크기로 깍둑썬 다음 거칠게 채 써세요.
두부(두부 버터볶음)	연두부 45g을 5mm 크기로 깍둑썬 다음 버터 1/2작은술을 넣고 살짝 볶으세요.

쌀(진밥)	쌀1 : 물3~2의 비율로 지은 죽이에요. 1회 이유식 분량은 80g이 적당해요.
당근(당근수프)	당근 30g을 부드럽게 삶아서 7mm 크기로 깍둑썬 후 냄비에 넣으세요. 냄비에 당근이 잠길 정도의 채소수프를 붓고 끓이세요. 소금 또는 간장을 극소량 넣어도 괜찮아요(다싯물로 끓여도 좋아요).
멜론(채썬 멜론)	잘 익은 멜론 과육 10g을 7mm 크기로 깍둑썬 다음 거칠게 채써세요.
두부(두부 버터볶음)	연두부 45g을 7mm 크기로 깍둑썬 다음 버터 1/2작은술을 넣고 살짝 볶으세요.

생후 9~11개월경

"냠냠기 1주차"

냠냠기는 잇몸으로 씹을 수 있는 정도의
단단한 음식을 먹일 수 있어요.
하지만 아기에게 갑자기 단단한 음식을 주면
거부할 수 있으니 천천히 바꿔가도록 해요.
죽은 우물기와 비슷한 5배죽을 계속 먹이세요.
고기는 연한 닭가슴살보다 조금 더 단단한 저민 닭고기를
먹일 수 있으니 식재료로 준비해보세요.

Mom's Note

"이유식의 굳기를 천천히 조절해나가요!"

아기에게 갑자기 단단한 음식을 먹이는 것은 금물이에요. 아기가 씹는 것이 피곤해지면 통째로 삼키는 습관이 생길 수도 있어요.
냠냠기 초기 이유식에서는 노력해서 씹어야 되는 메뉴와 편하게 씹을 수 있는 메뉴를 조합하세요. 예를 들어 화요일 메뉴의 '고구마포타주'와 '닭가슴살 소송채 탕수죽'은 부드러운 고구마와 노력해서 씹어야 하는 닭가슴살의 조합이에요.
적절한 이유식의 굳기가 어느 정도인지 몰라 난감해하지 마세요! 아기가 먹을 때 입을 잘 움직이고 있다면 이유식의 굳기가 적당하다는 증거예요. 아기의 입매를 잘 살펴보세요.

이것만 밑 손질해두면

월요일부터 금요일까지 OK

| 재료 | 쌀 1컵(200ml), 물 1L

90g x 12~13회분

1 전기밥솥에 쌀과 물을 넣고 죽모드로 취사한다.
2 5배죽은 90g(6큰술)씩 소분 용기에 넣거나, 랩으로 보자기처럼 싸서 냉동한다.

A

우물기보다
1회 분량이 증가
5배죽

| 재료 | 소송채 잎 부분 1/2단(60g)

15g x 4회분

1 소송채는 뜨거운 물에 부드러워질 때까지 데친다.
2 데친 소송채는 잘게 썬다.
3 소송채는 1/4(15g)씩 실리콘 컵에 나눠 넣거나, 랩에 싸서 냉동한다.

TIP

* 소송채 줄기는 시금치보다 질겨서 냠냠기 전반에는 잎 부분만 먹이세요. 소송채는 시금치보다 칼슘이 3배 이상 많아요.

B

잎 끝만 데쳐서
송송 썬
소송채

C

전기밥솥에 삶으면 간편하고 달달한

고구마

| 재료 | 고구마 1/2개(100g)

15g x 6회분

1 고구마는 알루미늄 포일에 싸서 전기밥솥에 넣고 어른용 밥을 할 때 같이 취사한다.
2 익은 고구마는 껍질을 벗기고 거칠게 으깬다.
3 으깬 고구마는 1/6(15g)씩 랩에 올려 평평하게 싸서 냉동한다.

D

지방이 적은 것을 골라서

저민 닭가슴살

| 재료 | 저민 닭가슴살 50g, 녹말가루 1/2작은술

10g x 5회분

1 저민 닭가슴살에 녹말가루와 물(1큰술)을 넣고 랩을 씌워 전자레인지로 40초~1분 정도 가열한다.
2 가열한 닭가슴살은 잘게 풀어놓는다.
3 저민 닭가슴살을 1/5(10g)씩 랩에 올려 평평하게 싸서 냉동한다.

- **생우동** 생우동은 삶지 않아도 돼서 간편해요. 우동은 1cm 길이로 잘라 사용하세요.
- **토마토** 토마토는 맛을 내는 식재료로 활용도 만점이에요! 토마토를 소스나 수프에 넣으면 더욱 맛있는 음식이 완성돼요.
- **당근** 당근은 5mm 크기로 깍둑썰거나 2cm 길이로 채써세요. 썬 당근은 잇몸으로 쉽게 부서질 정도로 가열하세요.
- **마른 조각 미역** 마른 미역을 물에 불거나, 염장 미역을 물에 헹궈서 사용하세요. 미역은 소금기를 꼭 빼서 사용하는 게 중요해요.

| 재료 | 황새치 50g, 물 1큰술, 녹말가루 1/2작은술

E

껍질과 뼈가 없으므로 조리하기 쉬운 **황새치**

1. 황새치에 녹말가루와 물(1큰술)을 넣고 랩을 씌워 전자레인지로 40초~1분 정도 가열한다.
2. 가열한 황새치는 포크로 잘게 풀어놓는다.
3. 잘게 풀은 황새치는 1/5(10g)씩 소분 용기에 넣거나, 랩에 올려 평평하게 싸서 냉동한다.

TIP

* 황새치는 껍질과 뼈가 없어서 풀어헤쳐 놓기만 하면 끝! 넙치나 가자미 등은 가열 후에 껍질과 뼈를 제거하세요.

9~11개월 냠냠기 1주차

집에 있는 식재료와 조합하기

- **두부** 연두부나 일반 두부 등 집에 있는 재료를 이용하세요.
- **달걀** 달걀은 알레르기가 없다면 많이 사용해도 돼요. 냠냠기는 달걀 1/2개 정도가 적정 양이에요. 흰자와 노른자를 같이 사용해도 문제없어요.
- **우유** 우유는 90ml까지 사용해도 괜찮아요. 수프나 리조또에 우유를 사용해 보세요.
- **피자 치즈** 피자 치즈는 염분과 지방이 많으므로 이유식에는 1작은술 정도만 사용하세요. 피자 치즈를 많이 사용하면 아기 건강에 좋지 않아요.

● **다싯물** ● **채소수프** ● **녹말가루** ● **참깨가루** ● **간장** ● **버터**

Monday
고구마죽
토마토 황새치구이

달콤한 맛과 향이 아기 취향에 딱 맞는

고구마죽

| 재료 |

1 5배죽과 고구마에 물(1작은술)을 넣고 랩에 씌워 전자레인지로 2분~2분 30초 정도 가열한다.

2 가열한 5배죽과 고구마를 잘 섞는다.

9~11개월
냠냠기
1주차

어른들이 먹어도 맛있는

토마토 황새치구이

| 재료 |

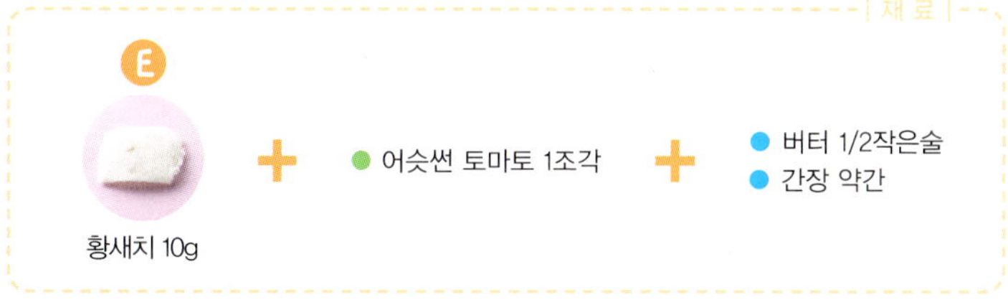

1 프라이팬에 버터를 녹인 후 황새치를 중약불에 올려 앞뒤로 굽는다.

TIP 황새치를 냉동된 상태 그대로 구으면 부스러지지 않아요.

2 토마토는 씨와 껍질을 제거한 후 거칠게 채썬다.

3 채썬 토마토 10g(2작은술)에 간장을 넣고 섞는다.

4 황새치 위에 3을 얹는다.

Tuesday

고구마에 우유를 넣고
전자레인지로 돌리기만
하면 완성!

고구마포타주

닭가슴살 소송채 탕수죽

부드러운 식감에 변화를 준

고구마포타주

1 고구마에 우유를 넣고 랩을 씌우지 않은 채 전자레인지로 1분 정도 가열한다.

2 가열한 고구마와 우유를 으깨가며 잘 섞는다.

9~11개월 냠냠기 1주차

걸쭉함을 더해 아기가 안심할 수 있는 식감으로

닭가슴살 소송채 탕수죽

1 다싯물과 녹말가루를 잘 섞는다.

2 소송채와 저민 닭가슴살에 1을 넣고 랩을 씌워 전자레인지로 40초~1분 정도 가열한다.

3 5배죽에 물(1작은술)을 넣고 랩을 씌워 전자레인지로 2분 정도 가열한다.

4 5배죽 위에 2를 얹는다.

Wednesday

참깨를 넣으면
감칠맛이 살아나요!

소송채 두부무침

달걀노른자죽

고소한 감칠맛으로 풍미가 한층 살아난

소송채 두부무침

1 두부는 잘게 으깬다.

2 으깬 두부에 소송채와 참깨가루를 넣고 랩을 씌워 전자레인지로 40초~1분 정도 가열한다.

3 2에 간장을 넣고 잘 섞는다.

체에 내린 달걀노른자로 화사해진

달걀노른자죽

1 5배죽에 물(1작은술)을 넣고 랩을 씌워 전자레인지로 2분 정도 가열한다.

2 삶은 달걀노른자를 체에 밭쳐 내리면서 1 위에 올린다.

TIP 삶은 달걀은 완숙으로 준비하세요.

미역 영양우동

와구와구 한번에 먹을 정도로 맛있는

미역 영양우동

| 재료 |

C
D
고구마 15g
저민 닭가슴살 10g
생우동 60g
당근 10g(깍둑썬 당근 2cm 크기 1개)
마른 조각 미역 약간
다싯물 1/2컵
간장 약간

1 생우동은 1cm 길이로 자르고, 당근은 2cm 길이로 채썬다.
2 미역은 물에 불린 다음 잘게 썰어 10g(1큰술) 정도를 만든다.
3 냄비에 다싯물, 당근, 미역을 넣어 한소끔 끓인다.
4 3에 우동, 고구마, 저민 닭가슴살을 넣고 다시 한소끔 끓인 후 간장을 떨어트린다.

쉿! 엄마만 아는 TIP

영양우동에는 무, 양배추, 강낭콩, 브로콜리 등 집에 있는 채소를 넣어 끓여도 좋아요. 여러 가지 채소를 섞으면 맛도 영양도 올라가요! 레시피를 응용해서 아기가 쑥쑥 클 수 있는 이유식을 만들어보세요.

특히 아기가 쑥쑥 크기 위해서는 철분이 중요해요. 아기 몸에 철분이 부족하지 않도록 영양소를 골고루 채워서 이유식을 만들어주세요. 미역에는 철분과 칼슘이 가득 들어있어 성장기 아기들에게 좋아요.

Friday

치즈 황새치리조또

소송채 토마토수프

입안에서 살살 녹는! 밀크 치즈 맛

치즈 황새치리조또

1 5배죽에 황새치, 우유, 피자 치즈를 넣고 랩을 씌워 전자레인지로 2분~2분 30초 정도 가열한다.

2 가열한 것을 잘 섞는다.

담백한 맛으로 아기 입맛과 찰떡궁합

소송채 토마토수프

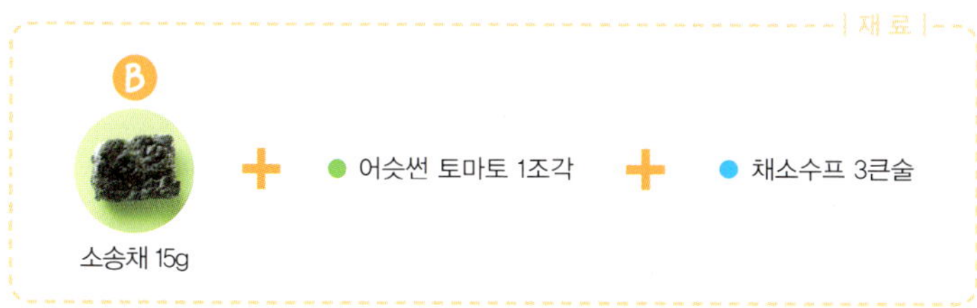

1 토마토는 씨와 껍질을 제거한 후 약간 큼직하게 썰어놓는다.

2 냄비에 소송채, 채소수프, 토마토 15g(1큰술)을 넣고 한소끔 끓인다.

9~11개월 냠냠기 1주차

| 익혀 먹는 토마토 |

토마토는 초록색보다 잘 익은 빨간색 토마토가 영양이 훨씬 풍부해요. 토마토는 날것으로 먹으면 체내 흡수율이 떨어지기 때문에 익혀서 먹는 것이 건강에 더 좋아요.

생후 9~11개월경

"냠냠기 2주차"

냠냠기 2주차부터는 아기가 손으로 음식을 쥐고 먹을 수 있어요.
아기에게 스스로 먹고 싶다는 의욕과 호기심이 생겨요.
이때는 손에 쥐기 편하고 주위에 잘 흩어지지 않는 메뉴를
고르는 것이 엄마에게도 편해요.
가리비 관자, 저민 소고기살 등
새로운 단백질원 식품과 빵을 조합해보세요.
이유식이 조금 복잡해졌다고 먹이는 양을 헷갈리지 마세요.
지퍼백에 넣고 냉동한 식재료의 경우 채소는 총 20~30g,
생선과 육류는 15g이 1회 식사로 적절한 양이에요.

호리에 선생님의 맛있는 팁!

"공복이야말로 최고의 조미료예요!"

아기의 생활 패턴에 따라 매일매일 시간을 정해서 규칙적인 식사를 하세요. 식사 전에 아기가 칭얼대도 간식을 주지 말아요. 아기도 어른과 똑같이 배가 고파야 밥을 맛있게 먹을 수 있답니다. 공복이야말로 최고의 조미료예요.
냠냠기부터는 아기가 스스로 음식에 흥미를 갖고 먹을 수 있는 게 중요해요. 손으로 물건을 집을 수 있는 시기이니 숟가락을 쥐어보게 하는 것도 좋아요. 물론 아이는 숟가락을 잘 사용하지 못할 거예요. 하지만 식습관은 엄마와 아기가 조금씩 노력하며 익혀나가는 게 중요하다는 것을 잊지 마세요.

이것만 밑 손질해두면 월요일부터 금요일까지 OK

| 재료 | 식빵 2장

1/2장 x 4회분

1 식빵 1장을 1cm 폭의 스틱 형태로 자른다.
2 식빵은 1/2장(약25g)씩 랩에 싸서 지퍼백에 넣어 냉동한다.

TIP

* 식빵은 스틱 형태로 냉동해두면 우유를 넣어 빵죽으로 만들 수 있어요.

A
스틱 형태로 손에 쥐기 편한
식빵

| 재료 | 토마토 1개(120g)

10g x 8회분

1 토마토는 꼭지를 제거한 뒤 껍질째 가로로 반을 잘라서 씨를 제거한다.
2 씨를 제거한 토마토는 4등분한다.
3 토마토는 지퍼백에 넣어서 냉동한다.

TIP

* 얼린 토마토는 요리할 때 물을 묻혀서 껍질을 벗기세요.

B
냉동한 후 물을 묻히면 껍질이 쏙!
토마토

잘게 썰어
섬유질을 끊어낸
그린빈

| 재료 | 그린빈 10~12개(50g)

1 그린빈은 꼭지를 제거한 뒤 뜨거운 물에 부드러워질 때까지 데친다.
2 데친 그린빈은 3mm 폭으로 자른다.
3 자른 그린빈을 지퍼백에 넣어서 냉동한다.

TIP

* 그린빈은 요리할 때 필요한 만큼 꺼내서 사용하세요.

D

지퍼백에 넣고
꾹 눌러주기만
하면 되는
바나나

| 재료 | 바나나 1개

1 바나나는 껍질을 벗기고 지퍼백에 넣는다.
2 지퍼팩을 겉에서 꾹 눌러 평평하게 만든 후 냉동한다.

TIP

* 이유식에 달콤함을 더하고 싶을 때 바나나를 소량씩 꺼내서 사용하세요.

E

버터를 이용해
고소한 소테로
만든
가리비 관자

| 재료 | 가리비 관자 50g, 버터 1/2작은술

1 가리비 관자는 반으로 얇게 자른 다음 밀가루를 살짝 묻힌다.
2 프라이팬에 버터를 녹인 후 가리비 관자를 앞뒤로 굽는다.
3 구운 가리비 관자는 1/5(10g)씩 랩에 올려 평평하게 싸서 냉동한다.

F

촉촉하게 가열해서 푸석거림을 줄인

저민 소고기 붉은살

| 재료 | 저민 소고기붉은살 50g, 녹말가루 1/2작은술

15g 이내씩 사용

1 저민 소고기붉은살에 녹말가루와 물(1큰술)을 넣어 잘 섞은 다음 랩을 씌워 전자레인지로 40초~1분 정도 가열한다.
2 저민 소고붉은살을 거품기나 포크로 잘 풀어준다.
3 2를 지퍼백에 넣어서 냉동한다.

* 저민 소고기붉은살은 조리할 때 필요한 만큼 꺼내서 사용하세요.

집에 있는 식재료와 조합하기

- **숏파스타** 파스타는 금방 삶아지는 숏파스타가 식재료로 적절해요. 파스타는 흐물흐물해질 때까지 삶아서 사용하세요.
- **단호박** 단호박은 토마토와 찰떡궁합! 고구마나 감자로 대체해도 좋아요.
- **당근** 당근은 5mm 크기로 깍둑썰거나 2mm 폭의 은행잎 모양으로 썰어주세요. 아기가 부드럽게 먹을 수 있도록 적당한 크기로 조절해주세요.
- **감자** 감자는 국물 음식의 건더기로 좋아요.
- **가지** 가지는 껍질을 벗기고 작게 썰어 흐물흐물해질 정도로 익히면 아기가 잘 먹어요.
- **우무** 동물성 젤라틴은 아기에게 좋지 않지만 한천이나 우무는 해조가 원료이므로 냠냠기부터 사용할 수 있어요.
- **우유** 우유는 조리용으로 90ml까지 사용해도 괜찮아요. 그라탕이나 빵죽에 우유를 사용해보세요.
- **플레인 요거트** 플레인 요거트는 여과지로 물기를 빼면 굳어져서 무침 요리에 사용하기 편해요.
- **피자 치즈** 피자 치즈는 염분과 지방이 많으므로 분량은 1작은술까지만 사용하세요.
- **다싯물** · **채소수프** · **녹말가루** · **설탕** · **된장** · **버터** · **올리브유**

그린빈 가지수프

가리비와 프렌치토스트

걸쭉한 수프가 채소를 부드럽게 감싸는

그린빈 가지수프

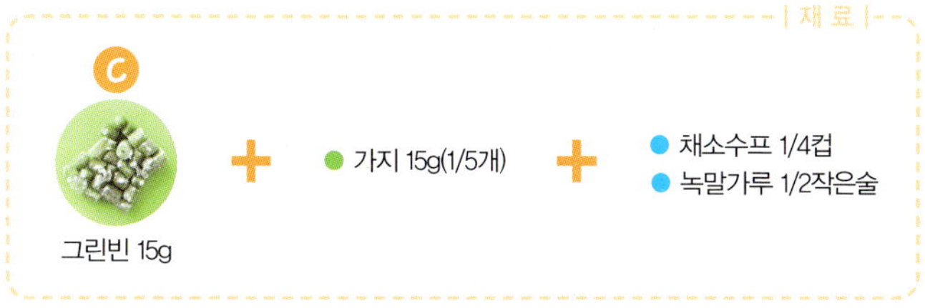

1 가지는 껍질을 벗기고 7mm 크기로 깍둑썬다.
2 물(1작은술)에 녹말가루를 풀어놓는다.
3 냄비에 채소수프와 가지를 넣고 뚜껑을 덮은 채 부드러워질 때까지 끓인다.
4 3에 그린빈을 넣고 한소끔 더 끓인 후 2를 넣고 잘 섞는다.

9~11개월
냠냠기
2주차

손에 잘 잡혀서 냠냠기 아기에게 안성맞춤!

가리비와 프렌치토스트

1 식빵은 반으로 잘라서 우유(3큰술)에 적신다.
2 프라이팬에 버터를 녹인 후 식빵을 살짝 굽는다.
3 가리비 관자에 우유(1작은술)를 넣고 랩을 씌워 전자레인지로 30~40초 정도 가열한다.
4 가리비 관자와 식빵을 접시에 함께 담는다.

Tuesday

당근과 그린빈수프 파스타

아기가 밥이나 빵에 질려할 때 먹여보세요.

소고기 바나나무침

수프의 맛이 스며들어 채소를 싫어하는 아기도 냠냠

당근과 그린빈수프 파스타

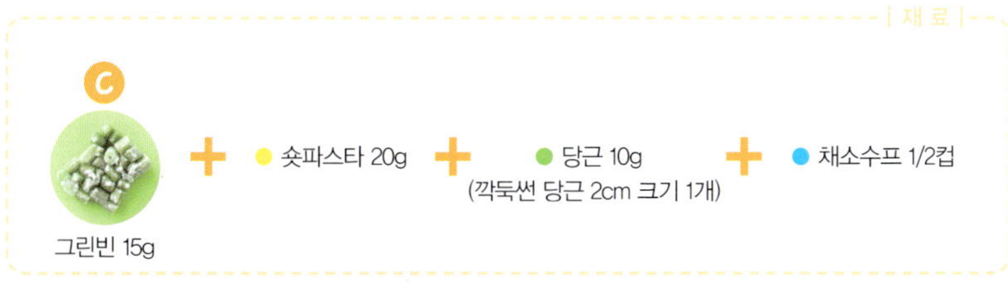

재료
C
그린빈 15g
숏파스타 20g
당근 10g
(깍둑썬 당근 2cm 크기 1개)
채소수프 1/2컵

1 파스타는 부드러워질 때까지 충분히 삶는다.
2 당근은 2mm 두께의 은행잎 모양으로 얇게 썬다.
3 냄비에 채소수프와 당근을 넣고 5~6분 정도 끓인다.
4 3에 그린빈과 파스타를 넣고 부드러워질 때까지 끓인다.

9~11개월
냠냠기
2주차

아기에 입맛을 북돋아주는

소고기 바나나무침

1 저민 소고기붉은살에 바나나와 우유를 넣고 랩을 씌워 전자레인지로 30~40초 정도 가열한다.
2 가열한 것을 잘 섞는다.

Wednesday

단호박포타주

치즈와 우유는
우물기부터 사용하세요.

소고기 토마토 빵그라탕

토마토와 우유로 목 넘김이 산뜻한 단호박포타주

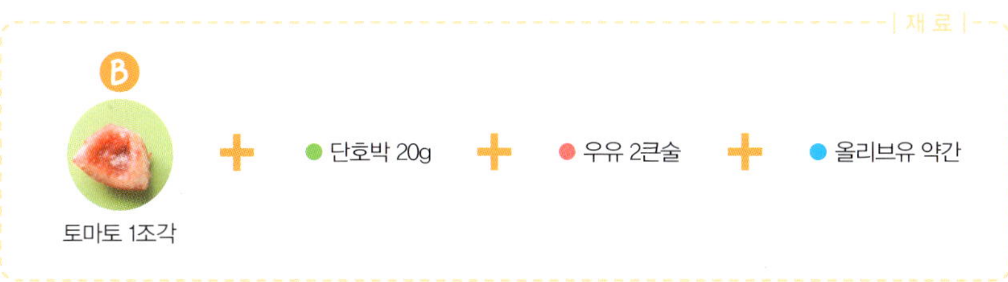

| 재료 |
B
토마토 1조각
단호박 20g
우유 2큰술
올리브유 약간

1 단호박은 껍질을 벗기고 토마토를 올린 다음 랩을 씌워 전자레인지로 40초~1분 정도 가열한다.
2 가열한 단호박과 토마토를 포크로 부드럽게 으깬다.
3 으깬 단호박과 토마토에 우유를 넣어 잘 섞은 후 올리브유를 떨어트린다.

TIP 토마토는 가열한 후 꼭 껍질을 벗겨서 조리하세요.

9~11개월
냠냠기
2주차

겉은 바삭, 안은 촉촉 소고기 토마토 빵그라탕

1 토마토는 물을 묻혀서 껍질을 벗기고 적당한 크기로 썬다.
2 내열 용기에 빵을 찢어 넣고 우유, 저민 소고기붉은살, 피자 치즈, 토마토를 올리고 오븐 토스터로 7~8분 정도 굽는다.

Thursday
가리비 토마토젤리
우무를 사용할 때는 큼직한
내열 용기에 넣어
전자레인지로 가열하세요.
작은 내열 용기에 우무를 넣으면
끓어넘칠 수 있으므로 주의하세요.
바삭바삭 빵과 바나나 요거트디핑소스

우무를 전자레인지에 돌려서 몽글몽글 젤리로 탄생!

가리비 토마토젤리

재료
B
E
토마토 2조각
가리비 관자 10g
우무 20g
설탕 약간
채소수프 2작은술
녹말가루 1/4작은술

1 토마토는 물을 묻혀서 껍질을 벗긴다.

2 큼직한 내열 용기에 토마토, 우무, 설탕을 넣고 랩을 씌우지 않은 채 전자레인지로 1분 30초 정도 가열한다.

3 2를 그릇에 담아 냉장실에 넣고 굳힌다.

4 채소수프와 녹말가루는 잘 섞은 후 가리비 관자에 넣고 랩을 씌워 전자레인지로 30~40초 정도 가열한다.

5 가열한 것을 가볍게 풀어서 섞은 뒤 3 위에 얹는다.

달달한 디핑소스로 어른들까지 사로잡는

바삭바삭 빵과 바나나 요거트디핑소스

1 바나나는 랩을 씌워 전자레인지로 30~40초 정도 가열한다.

2 요거트는 여과지에 올려 물기를 뺀 뒤 가열한 바나나를 넣고 섞는다.

3 식빵은 오븐 토스터로 바삭하게 구워서 2와 함께 접시에 담는다.

TIP 요거트디핑소스에 식빵을 찍어 먹어요.

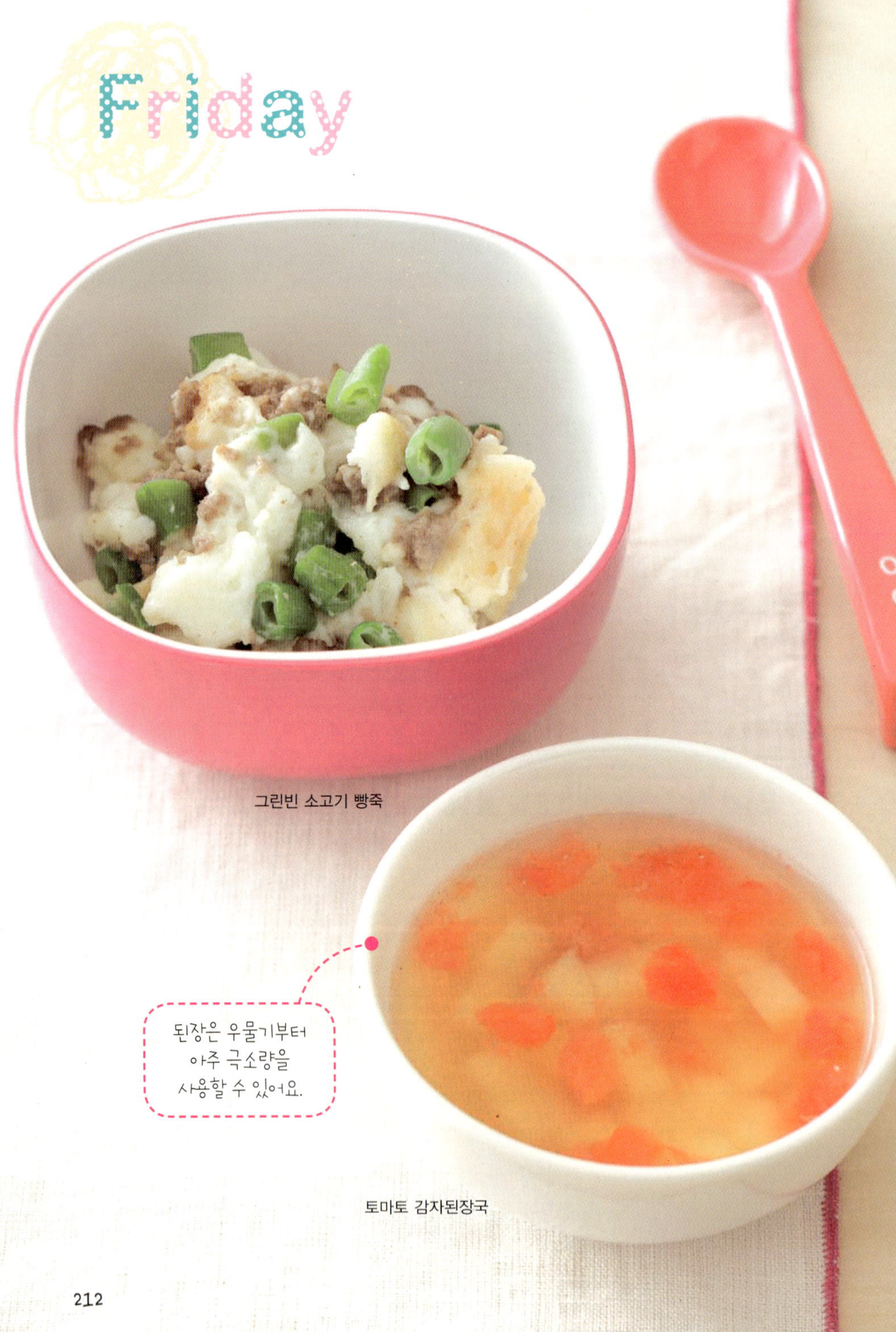
Friday
된장은 우물기부터
아주 극소량을
사용할 수 있어요.

그린빈 소고기 빵죽

토마토 감자된장국

쫀득쫀득 식감과 식재료의 맛이 입안을 채우는

그린빈 소고기 빵죽

1 내열 용기에 식빵을 잘게 찢어 넣고 우유, 그린빈, 저민 소고기붉은살을 얹는다.

2 1에 랩을 씌워 전자레인지로 1분 30초 정도 가열한다.

3 가열한 것을 잘 섞는다.

빵죽의 짝꿍으로 적극 추천! 담백한 된장국

토마토 감자된장국

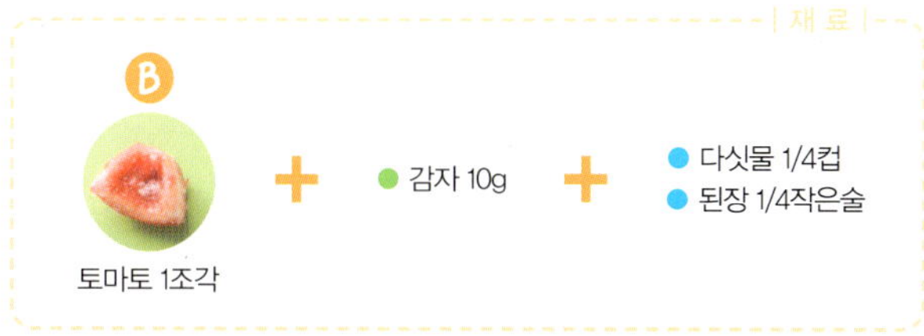

1 토마토는 물을 묻혀서 껍질을 벗기고 큼직하게 채썬다.

2 감자 1/3개(50g)를 껍질째 랩을 씌워 전자레인지로 1분 30초 정도 가열한다.

3 가열한 감자는 껍질을 벗기고 10g(2작은술) 정도를 5mm 크기로 깍둑썬다.

4 냄비에 다싯물, 토마토, 감자를 넣고 된장을 풀어준다.

생후 9~11개월경

"냠냠기 3주차"

이제 죽은 그만! 냠냠기 3주차부터는 진밥에 도전해보세요.
구이, 도리아, 비빔밥, 김샌드위치 등 다양한 형태의 진밥을
만들 수 있어요. 아기용 화이트소스는 간단하므로 미리 만들어서
냉동해두어요. 소스가 필요할 때마다 전자레인지로
데워서 도리아나 그라탕에 넣어보세요.

이것만 밑 손질해두면
월요일부터 금요일까지 OK

A 밥과 물을 넣고 전자레인지에 돌리면 끝! 진밥

| 재료 | 밥 200g, 물 300ml

80g x 6회분

1 내열 용기에 밥과 물을 넣고 랩을 씌우지 않은 채 전자레인지로 6분 정도 가열한다.
2 가열한 밥은 한 번 섞어준 후 랩을 씌워 뜸을 들인다.
3 뜸 들인 밥은 80g씩 소분 용기에 넣거나, 랩으로 싸서 냉동한다.

TIP

* 진밥은 아삭기처럼 쌀로 지어도 돼요.(p. 250 참조)
엄마가 편한 방법으로 조리해주세요.

| 재료 | 단호박 껍질째 1/8통(100g) **20~30g 이내씩 사용**

1 단호박은 껍질째 랩을 씌워 전자레인지로 2분 정도 가열한다.
2 단호박은 랩을 씌운 채 식힌 후 껍질을 제거하고, 7mm 크기로 깍둑썬다.
3 단호박은 지퍼백에 넣어서 냉동하고, 요리할 때 필요한 만큼 꺼내서 사용한다.

B

풍부한 베타카로틴이 비타민 A로 변신!

단호박

| 재료 | 순무잎 1줄기(60g) **20~30g 이내씩 사용**

1 순무잎은 뜨거운 물에 부드러워질 때까지 데친다.
2 데친 순무잎은 헹구어 물기를 뺀 후 잘게 썬다.
3 순무잎은 지퍼백에 넣어서 냉동하고, 요리할 때 필요한 만큼 꺼내서 사용한다.

C

영양이 풍부하므로 잘게 썰어서 사용!

순무잎

| 재료 | 순무 1개(100g) **20~30g 이내씩 사용**

1 순무는 껍질을 두껍게 깎고 5mm 두께의 은행잎 모양으로 썬다.
2 순무에 랩을 씌워 전자레인지로 1분 30초 정도 가열한다.
3 가열한 순무는 물기를 뺀 후 지퍼백에 넣어서 냉동하고, 요리할 때 필요한 만큼 꺼내서 사용한다.

D

아기에게 줄 때는 껍질을 두껍게 깎아서!

순무

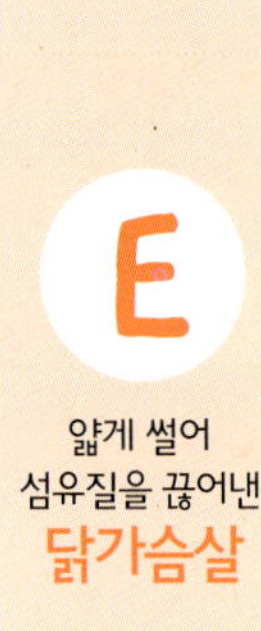

얇게 썰어
섬유질을 끊어낸
닭가슴살

| 재료 | 닭가슴살 50g, 녹말가루 1/2작은술

1 닭가슴살은 얇게 썰어 녹말가루를 묻힌다.
2 물에 적신 내열 그릇에 닭가슴살을 넣고 랩을 씌워 전자레인지로 40초~1분 정도 가열한 후 그대로 식힌다.
3 닭가슴살은 1/5(10g)씩 랩에 올려 평평하게 싸서 냉동한다.

F

작은 거품기로
섞으면 간단!
화이트소스

| 재료 | 우유 1/2컵(100ml), 버터 1/2큰술, 밀가루 1큰술

1 버터에 랩을 씌워 전자레인지로 1분 정도 가열한다.
2 버터에 밀가루→우유 순으로 재료를 넣고 잘 섞은 후 랩을 씌우지 않은 채 전자레인지로 1분 정도 가열한다.
3 2를 잘 섞은 후 다시 1분 정도 더 가열하여 잘 섞는다.
4 화이트소스는 1/4(20g)씩 랩에 올려 평평하게 싸서 냉동한다.

* 화이트소스는 가열할 때마다 잘 섞어주세요.
* 화이트소스는 열기가 식으면 걸쭉해지므로 식히고 나서 랩을 씌우세요.

집에 있는 식재료와 조합하기

● **숏파스타**

숏파스타는 삶는 시간이 짧아 조리하기 편해요. 숏파스타는 기준 시간보다 더 오래 삶아서 흐물흐물하게 만드세요. 마카로니로 대체해도 괜찮아요.

● **토마토**

토마토는 서양식 도리아에 활용해요. 토마토는 씨와 껍질을 제거하고 7mm 크기로 잘게 썰어주세요.

● **브로콜리**

브로콜리는 끓는 물에 줄기까지 부드럽게 데치고, 7mm 크기로 잘라주세요.

● **구운김**

집밥을 구운김으로 싸서 미니 김밥을 만들어보세요.

● **마른 잔멸치**

마른 잔멸치는 체에 밭쳐 뜨거운 물을 붓고, 소금기를 빼내세요. 멸치가 크다 싶으면 잘게 썰어주세요.

● **달걀**

달걀은 영양가가 높으니 알레르기가 없다면 많이 활용하세요.

● **캔참치**

캔참치는 체에 밭쳐 뜨거운 물을 붓고, 기름과 염분을 빼주세요.

● **치즈가루**

치즈가루는 염분과 지방이 많으므로 1작은술까지만 사용하세요.

● **가다랭이포**

가다랭이포는 큼직하다 싶으면 손으로 부숴주세요. 가다랭이포는 진밥에 섞으면 풍미가 살아나요!

● **다시물** ● **채소수프** ● **녹말가루** ● **밀가루**

● **빵가루** ● **버터** ● **올리브유**

Monday

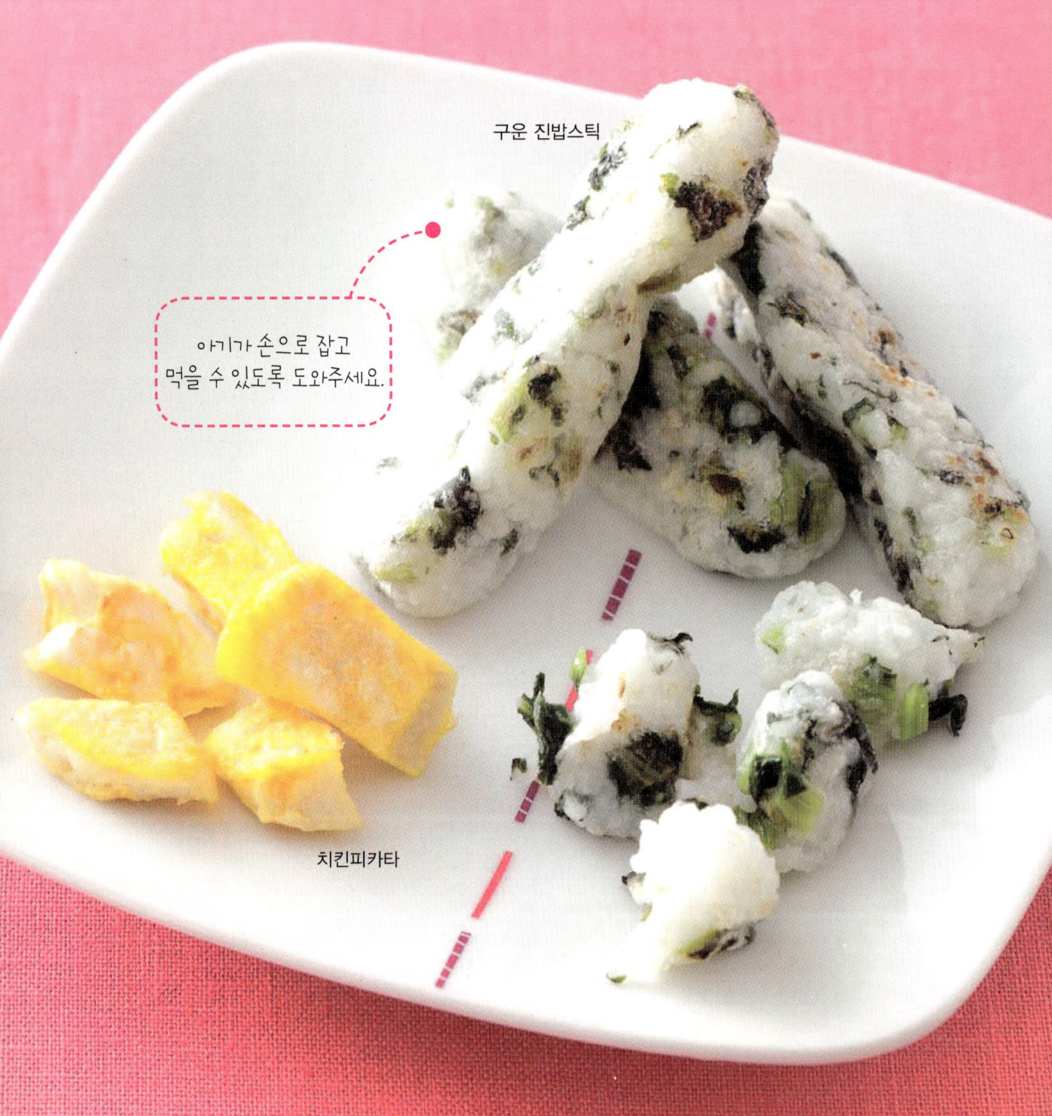
구운 진밥스틱
아기가 손으로 잡고
먹을 수 있도록 도와주세요.
치킨피카타

밥으로 만든 핑거 푸드

구운 진밥스틱

1 진밥과 순무잎에 물(1작은술)을 넣고 랩을 씌워 전자레인지로 2분 정도 가열한다.

2 가열한 것을 잘 섞은 후 스틱 모양으로 만들고 녹말가루를 가볍게 묻힌다.

3 스틱 모양의 밥을 프라이팬에 굴려가며 굽는다.

TIP 녹말가루를 묻히면 모양이 잘 부서지지 않아요.

얇게 채썰어서, 씹으면 호로록

치킨피카타

1 닭가슴살은 한입 크기로 자르고, 밀가루를 얇게 묻힌다.

2 1에 풀어놓은 달걀을 묻힌 후 달군 프라이팬에서 앞뒤로 굽는다.

그린 순무수프

토마토 치즈도리아

산뜻하고 부드러운 식감의

그린 순무수프

1 순무잎과 순무에 채소수프를 넣고 랩을 씌우지 않은 채 전자레인지로 30~40초 정도 가열한다.

2 가열한 것을 잘 으깨가며 섞는다.

TIP 순무잎은 베타카로틴과 비타민C가 풍부한 녹황색 채소예요.

9~11개월
냠냠기
3주차

부드러운 맛에 아기도 방긋!

토마토 치즈도리아

1 토마토는 씨와 껍질을 제거하고 1cm 크기로 깍둑썬다.

2 진밥은 물(1작은술)을 넣고 랩을 씌워 전자레인지로 1분 정도 가열한다.

3 화이트소스는 랩을 씌워 전자레인지로 30초 정도 가열한다.

4 내열 용기에 진밥을 넣고, 토마토 10g(2작은술)을 올리고, 화이트소스를 두른다.

5 4에 치즈를 뿌린 뒤 오븐 토스터로 7~8분 정도 굽는다.

순무 치킨그라탕

단호박파스타

담백한 식재료와 화이트소스의 감칠맛이 훌륭한 조화를 이루는

순무 치킨그라탕

1 내열 용기에 순무와 닭가슴살을 넣고 화이트소스를 두른 후 랩을 씌우지 않은 채 전자레인지로 1분 정도 가열한다.

2 1 위에 빵가루를 뿌린 뒤 오븐 토스터로 7~8분 정도 굽는다.

9~11개월 냠냠기 3주차

단호박 소스로 따끈따끈하고 달달한

단호박파스타

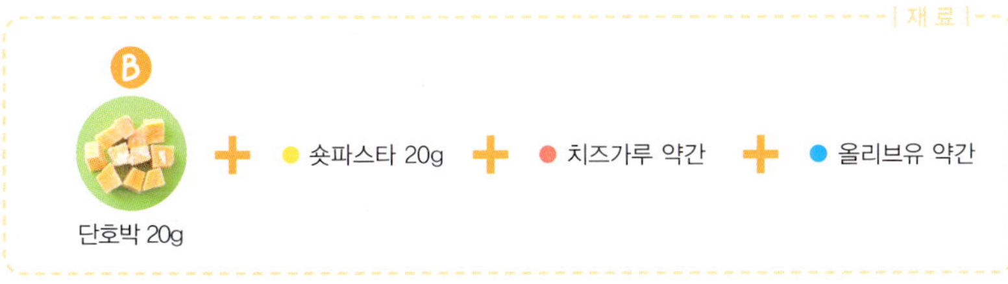

1 단호박에 물(2작은술)을 넣고 랩을 씌워 전자레인지로 30~40초 정도 가열한다.

2 파스타는 기준 시간보다 좀 더 오래 삶아서 흐물흐물하게 만든다.

3 삶은 파스타에 단호박과 올리브유를 넣고 섞은 후 치즈가루를 뿌린다.

Thursday
순무 잔멸치비빔밥
채소가 들어간
비빔밥은 잔멸치 하나로
풍미가 살아나요!
단호박구이

채소와 생선의 조합으로 영양만점인

순무 잔멸치비빔밥

1 마른 잔멸치는 체에 밭쳐 뜨거운 물을 붓고 소금기를 뺀다.

2 진밥에 순무잎과 마른 잔멸치, 물(1작은술)을 넣고 랩을 씌워 전자레인지로 2분 정도 가열한다.

3 가열한 것을 잘 섞는다.

9~11개월 냠냠기 3주차

버터로 고소하게 굽는 핑거 푸드

단호박구이

1 단호박은 랩을 씌워 전자레인지로 40초~1분 정도 가열한다.

2 가열한 단호박은 가볍게 으깨서 4~5등분한 후 동그란 모양으로 빚는다.

3 프라이팬에 버터를 녹인 후 단호박을 앞뒤로 노릇하게 굽는다.

Friday

단호박과 브로콜리 참치탕수

미니 김밥

부드러워서 아기가 먹기 쉬운

단호박과 브로콜리 참치탕수

1 단호박에 물(2작은술)을 넣고 랩을 씌워 전자레인지로 30~40초 정도 가열한다.

2 브로콜리는 부드러워질 때까지 데친 후 잘게 자른다.

3 다싯물과 녹말가루는 잘 섞은 후 캔참치에 넣고, 랩을 씌워 전자레인지로 30~40초 정도 가열한다.

4 그릇에 단호박과 브로콜리를 담고 3을 뿌린다.

9~11개월 냠냠기 3주차

아기가 좋아하는 핑거 푸드

미니 김밥

1 진밥에 물(1작은술)을 넣고 랩을 씌워 전자레인지로 2분 정도 가열한다.

2 진밥에 가다랭이포를 섞는다.

3 김은 반 잘라서 2장 사이에 2를 넣은 후 키친 가위로 먹기 좋게 자른다.

미니 김밥은 손으로 쥐기 쉬워서 생후 12개월 전후 아기들이 먹기 좋아요. 키친 가위로 김밥을 싹둑싹둑 잘라주면 간편해요.

생후 9~11개월경

"냠냠기 4주차"

이 시기쯤 되면 이제 엄마들도 이유식 메뉴에 익숙해졌을 거예요.
아기가 음식 투정을 할 때 대처하는 나름의 노하우도 생기셨죠?
밥을 잘 먹지 않는 아기들을 위해 새로운 메뉴를 소개해드려요.
가늘고 호로록 먹기 쉬운 소면은 냠냠기의 아기들에게 인기 만점이에요.
식욕이 없을 때도 한 그릇을 뚝딱! 철분을 보충해주는 톳,
땅의 쇠고기라 불리는 콩도 냉동해서 요리해보세요.
건강과 맛을 한꺼번에 잡는 맛있는 이유식을 만들어보세요.

이것만 밑 손질해두면
월요일부터 금요일까지 OK

A

잘라서 삶으면 간편!
소면

| 재료 | 소면 3묶음(150g)

90g x 5회분

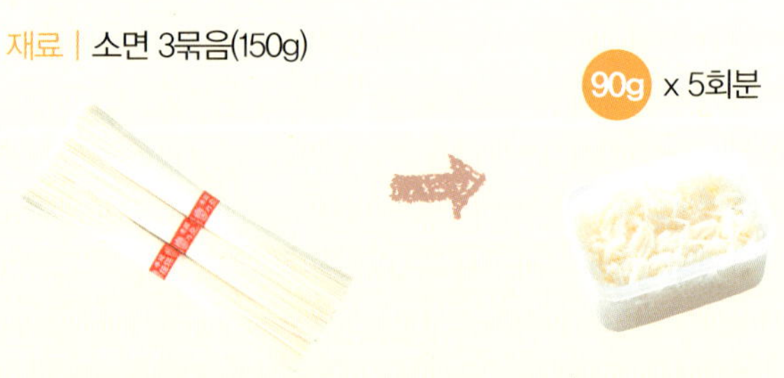

1 소면은 손으로 부러트려서 1~2cm 길이로 자른 후 뜨거운 물에 부드러워 질때까지 데친다.
2 데친 소면은 체에 밭쳐 헹군 다음 물기를 뺀다.
3 소면은 90g씩 소분 용기에 넣거나, 랩에 싸서 냉동한다.

| 재료 | 당근 1/3개(50g), 무 50g(둥글게 썬 무 2cm 두께)

5회분

B

채소의 맛을
응축한
무 당근수프

1 무와 당근은 7mm 크기로 깍둑썰고, 무잎도 있으면 잘게 채썬다.
2 냄비에 1과 물(2컵)을 넣고 강불에서 끓어오르면, 약불로 바꿔 뚜껑을 덮은 채 20~30분 정도 익힌다.
3 무 당근수프는 건더기를 5등분해서 소분 용기에 담고, 육수도 5등분해서 소분 용기에 담는다.
4 소분한 것을 냉동한다.

TIP

* 뿌리채소는 푹 삶아서 부드럽게 만들어요.
* 무 당근수프는 건더기와 육수를 각각 따로 소분해서 냉동하세요.

9~11개월
냠냠기
4주차

| 재료 | 사과 1/4개, 설탕 1작은술

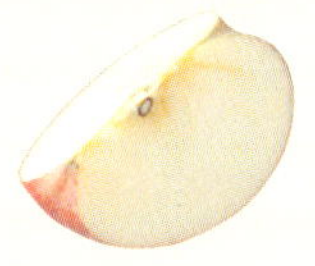

C

먹기 쉽게 썰어서
달달하게
익혀 먹는
사과

1 사과는 껍질을 깎고 5mm 두께의 은행잎 모양으로 썬다.
2 사과에 설탕을 뿌린 후 랩을 씌워 전자레인지로 2분 정도 가열한다.
3 가열한 것은 그대로 식힌다.
4 사과는 지퍼백에 넣어서 냉동하고, 요리할 때 필요한 만큼 꺼내서 사용한다.

D

다싯물과 함께 부드럽게 삶은
톳

| 재료 | 건조한 톳 1큰술(3g), 다싯물 1/2컵

1회 1작은술 기준

1 톳은 대충 씻어 물에 불린 후 체에 건져놓는다.
2 냄비에 톳과 다싯물을 넣고 부드러워질 때까지 삶는다.
3 톳은 지퍼백에 넣어서 냉동하고, 요리할 때 필요한 만큼 꺼내서 사용한다.

E

끓는 물에 살짝 데친
채썬 소고기 붉은살

| 재료 | 소고기붉은살 50g

15g 이내씩 사용

1 소고기붉은살에 녹말가루를 얇게 묻혀서 끓는 물에 데친 후 쟁반에 펼쳐놓는다.
2 소고기붉은살에 랩을 씌워 식힌 후 1cm길이로 채썬다.
3 소고기붉은살은 지퍼백에 넣어서 냉동하고, 요리할 때 필요한 만큼 꺼내서 사용한다.

TIP

* 소고기붉은살을 식힐 때는 랩을 씌워야 수분이 날아가는 것을 방지할 수 있어요!

| 재료 | 콩 50g

1 내열 용기에 콩과 물(1/4컵)을 넣은 후 수면에 닿을 정도로 랩을 씌워 전자레인지로 2분 정도 가열한다.
2 가열한 콩의 열기가 식으면 속껍질을 벗긴다.
3 삶은 콩은 지퍼백에 넣어서 냉동하고, 요리할 때 필요한 만큼 꺼내서 사용한다.

F

파워 슈퍼 푸드!

삶은 콩

TIP

* 콩은 가열하면 속껍질이 한번에 스르륵 벗겨져요!

9~11개월 냠냠기 4주차

집에 있는 식재료와 조합하기

- **진밥** 밥1 : 물 1.5의 비율로 전자레인지에 가열하면 진밥 완성!
- **핫케이크 믹스** 핫케이크 믹스는 밀가루와 베이킹파우더가 포함되어 있어 찐빵을 만들 때 간편해요.
- **토마토** 토마토는 씨와 껍질을 제거하고 7mm 크기로 깍둑써세요. 토마토는 소면과도 궁합이 잘 맞아요.
- **오이** 오이는 껍질을 벗긴 후 얇게 채썰거나 얇은 스틱 형태로 만드세요.
- **양상추** 양상추는 섬유질이 끊어지도록 채썰어서 가열하면 아기가 먹기 쉬워요.
- **감자** 감자에 녹말가루를 더하면 쫀득쫀득한 완자가 돼요.
- **우무** 우무는 큼직한 용기에 담아서 전자레인지로 가열하세요.
- **우유** 우유는 찐빵에 사용하면 감칠맛이 살아나요.
- **플레인 요거트** 플레인 요거트는 커피 필터로 물기를 빼기만 해도 진한 디저트로 변신!
- **채소수프** ● **녹말가루** ● **간장** ● **된장** ● **식초** ● **참기름**

Monday

사과요거트

콩과 채소 고명을 올린 소면

달콤한 사과와 부드러운 요거트의 랑데부

사과요거트

1 사과는 랩을 씌워 전자레인지로 30~40초 정도 가열한다.
2 요거트는 여과지에 올려 물기를 뺀다.
3 요거트 위에 사과를 얹는다.

9~11개월
냠냠기
4주차

후루룩 국수로 풍부한 식감 탄생!

콩과 채소 고명을 올린 소면

1 소면은 랩을 씌워 전자레인지로 2분 정도 가열한다.
2 가열한 소면에 물(1작은술)을 넣고 풀어놓는다.
3 무 당근수프에 삶은 콩을 넣고 랩을 씌워 전자레인지로 2분 정도 가열한다.
4 3에 된장을 넣고 풀어서 2 위에 얹는다.

Tuesday

소고기 토마토볶음면

아기가 먹기 힘들 것 같은
식재료를 감자완자에
섞어주세요.

soup

톳과 감자완자수프

볶아서 감칠맛을 내고, 토마토로 상큼함을 더한

소고기 토마토볶음면

1 소면은 랩을 씌워 전자레인지로 2분 정도 가열한다.

2 토마토는 씨와 껍질을 제거하고 큼직하게 채썬다.

3 프라이팬에 참기름을 두르고 소면을 볶다가, 채썬 소고기붉은살과 토마토 10g(2작은술)을 넣어 같이 볶는다.

4 3에 간장을 넣고 잘 섞는다.

9~11개월
냠냠기
4주차

쫀득쫀득한 감자완자에 톳을 쏙 집어 넣은

톳과 감자완자수프

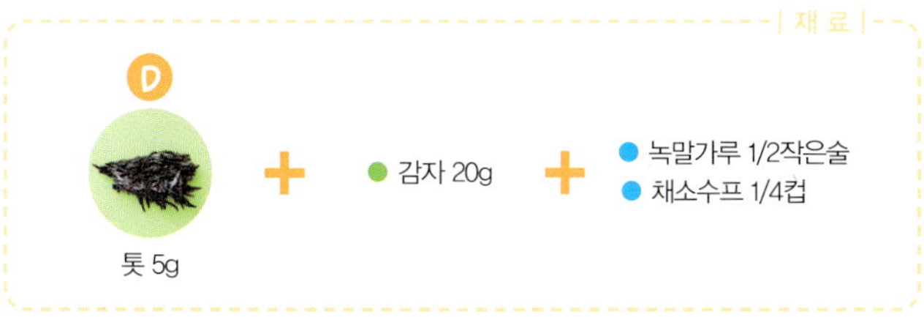

1 감자 1/3개(50g)를 껍질째 랩을 씌워 전자레인지로 1분 30초 정도 가열한 후 껍질을 벗긴다.

2 감자 20g(4작은술)에 톳과 녹말가루를 넣고 동그란 모양으로 빚는다.

3 냄비에 채소수프와 2를 넣고 2~3분 정도 끓인다.

Wednesday

오이 사과샐러드

콩과 톳비빔밥

사각거리는 식감이 좋은 오이 사과샐러드

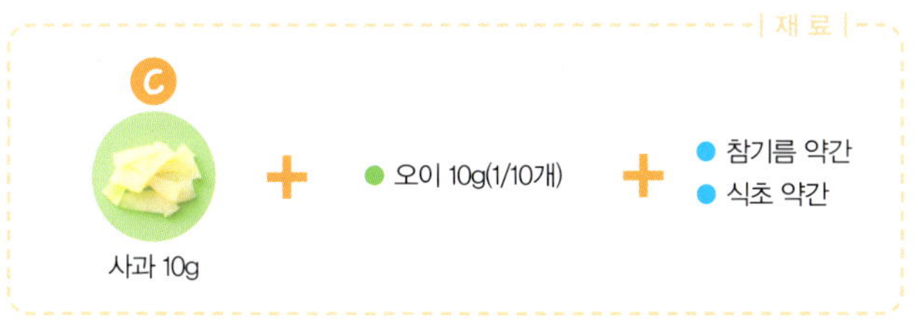

1 사과는 랩을 씌워 전자레인지로 30~40분 정도 가열한다.
2 오이는 껍질을 벗기고 반달 모양으로 얇게 썬다.
3 그릇에 사과와 오이를 담고 참기름과 식초를 떨어트린다.

안심하고 먹을 수 있는 건강 밥 콩과 톳비빔밥

1 톳과 삶은 콩에 랩을 씌워 전자레인지로 30~40초 정도 가열한다.
2 진밥에 1과 간장을 넣고 잘 섞는다.

쉿! 엄마만 아는 TIP

철분이 풍부한 톳은 냠냠기의 아기는 물론, 수유 중인 엄마에게도 권장할 만한 식재료예요. 톳은 물에 20~30분 정도 담궈두면 부드러워져요. 급할 때는 톳에 뜨거운 물을 붓고 5분 정도 기다리세요. 톳은 샐러드에 넣거나 밥이나 고기완자에 섞어 먹여도 좋아요.

9~11개월 냠냠기 4주차

Thursday

무 당근수프

핫케이크 믹스로 만드는
찐빵은 핑거 푸드로
좋은 메뉴예요!

사과 찐빵

간단할 뿐만 아니라 감기 예방에도 좋은

무 당근수프

| 재료 |

1 무 당근수프는 랩을 씌우지 않은 채 전자레인지로 1분 30초 정도 가열한다.

쿠킹 시트 위에서 바로 만드는

사과 찐빵

| 재료 |

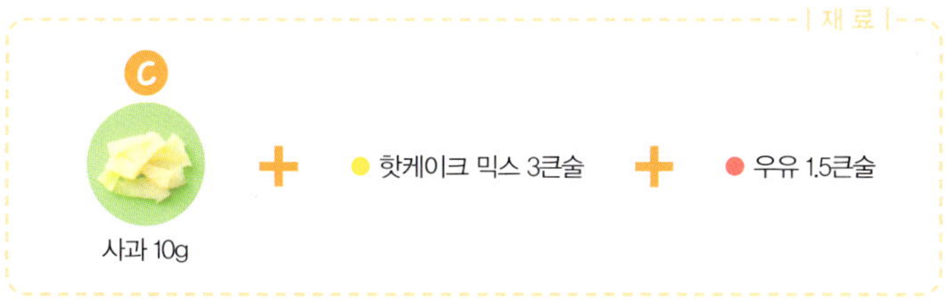

1 사과는 랩을 씌워 전자레인지로 30초 정도 가열한다.

2 핫케이크 믹스와 우유를 섞은 뒤 익힌 사과를 넣고 한 번 더 섞는다.

3 내열 그릇에 쿠킹시트를 깔고 2를 4덩어리로 나눠 떨어트린 후 랩을 씌워 전자레인지로 1분 정도 가열한다.

TIP 4등분으로 나눠서 가열해야 속까지 잘 익어요.

9~11개월 냠냠기 4주차

Friday

무 당근젤리

소고기 양상추소면

모양이 흐트러지지 않아서 야외 점심으로도 합격!

무 당근젤리

무 당근수프 1회분

1 큼직한 내열 용기에 무 당근수프와 우무를 넣고 랩을 씌우지 않은 채 전자레인지로 2분 정도 가열한다.
2 그릇에 1을 담아 식혀서 굳힌다.

산뜻한 중화풍으로 식욕을 돋우는

소고기 양상추소면

재료
A
E
양상추 10g(1/4장)
참기름 약간
간장 약간
식초 약간

소면 90g
채썬 소고기붉은살 10g

1 양상추는 1cm 길이로 채썬다.
2 소면은 물로 살짝 헹군다.
3 소면에 채썬 소고기붉은살과 양상추를 올리고 랩을 씌워 전자레인지로 2분~2분 30초 정도 가열한다.
4 3에 참기름, 간장, 식초를 넣고 잘 섞는다.

9~11개월 냠냠기 4주차

이런 모습이 보이면 아삭기로 GO GO!

- ✔ 아침점심저녁 3식을 잘 먹고 있다.
- ✔ 고기완자 정도의 단단한 음식을 잇몸으로 으깨서 먹을 수 있다.
- ✔ 스스로 손에 음식을 쥐고 먹고 있다.

Tip 정해진 시간에 식사를 하는 리듬이 생기고 잇몸으로 냠냠 씹는 것이 능숙해지면 진행하세요.

이유식 졸업! 유아식 출발!
아기 혼자 먹을 수 있도록 응원해주세요

PART 5

생후 12~18개월 아삭기

생후 12~18개월 아삭기는 이런 시기!

엄마가 아기의 발달 과정을 잘 알면 이유식을 시도하기 쉬워져요.
아기를 이해하고 성장 속도에 맞춰 이유식을 할 수 있죠.
아기의 발달 과정부터 아삭기 이유식의 특이점, 횟수, 이유식 장소,
꼭 알아야 할 원칙까지 모두모두 정리했어요.

빠르면 생후 12개월경, 천천히 진행하면 생후 18개월경에 유아식으로 진행하세요

아삭기는 여러 가지 모양과 식감의 음식으로 씹는 방법을 연습하는 시기예요. 잇몸으로 아삭아삭 씹을 수 있는 굳기의 이유식을 1일 3회 규칙적으로 진행하세요. 간식을 1일 1회~2회, 컵으로 분유나 우유를 300~400ml 마신다면 이유식은 졸업해도 돼요.
적어도 생후 18개월경부터는 유아식으로 바꿔주세요.
유아식은 아삭기와 비슷한 메뉴에 약하게 간을 하세요. 지금까지 그래 왔던 것처럼 음식의 굳기와 양을 천천히 늘려보세요.

생후 12~18개월 아삭기 아기의 발달 과정

- 윗니, 아랫니가 났다
- 걸음마를 잘한다
- 말을 꽤 하기 시작한다
- 자아가 분명해진다
- 어른 음식에 관심이 생긴다

생후 12~18개월경의 아기는 걸음마도 잘하고, 어른이 알아들을 수 있을 정도로 말을 하기 시작해요. 또한 자아가 더욱 분명해져서 밥을 먹을 때 좋고 싫음을 곧잘 표현하죠. 이때 아기의 편식은 금물! 아기는 투정부리며 음식을 먹지 않기도 해요. 어렸을 때 편식 습관은 오랫동안 지속되기 때문에 아기가 편식을 하지 않도록 도와주세요. 엄마가 무조건 먹이거나 혼내면 아기가 음식을 더 싫어할 수도 있어요. 음식이 맛있다고 과장을 하거나, 먹는 놀이를 시도해보세요. 음식 맛을 알게 되면 아기는 더 이상 투정을 부리지 않아요. 이유식이 순조롭게 진행되고, 아기가 어른 음식에 관심이 생길 때부터는 유아식으로 바꿔도 돼요.

숟가락을 이용해서 먹는 연습을 천천히 해나가요

아기가 숟가락을 사용해서 혼자 먹을 수 있는 시기는 생후 24~36개월쯤이에요. 생후 12개월경에는 부모님이 도와주면서 천천히 숟가락 사용을 연습해나가요.

아기는 아직 손으로 음식을 쥐고 먹는 게 보통이지만, 스스로 숟가락을 잡고 음식을 먹을 수 있도록 시도해보세요. 아기가 음식을 입에 너무 많이 넣어서 웩웩거리거나 흘리기를 반복해도 걱정하지 마세요. 이런 과정을 통해 아이는 한입 크기의 양을 기억하게 돼요.

완숙 바나나 정도의 굳기로 만들어주세요

아삭기의 아기는 혀를 자유자재로 움직일 수 있지만 씹는 힘은 아직 부족해요. 이 시기에 아기는 앞니로 음식을 잘라서 잇몸으로 아삭아삭 씹어요. 그래서 아삭기 이유식의 굳기는 잇몸으로 씹을 수 있는 고기 완자 정도가 적당해요.
부드러운 고기 완자, 미니 햄버거, 익힌 당근 등 잇몸으로 씹을 수 있는 굳기가 기준이에요. 아기가 손으로 쥐기 쉬운 음식이나 앞니로 잘라 씹을 수 있는 평평한 음식으로 연습을 시도하세요.

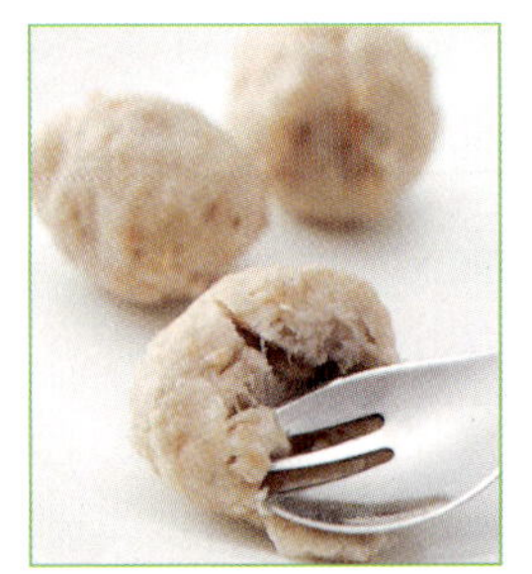

이유식, 언제 몇 시쯤 먹일까요?

- 아침, 점심, 저녁으로 규칙적인 식사 시간을 정하세요.
- 수유는 계속해도 좋지만 이유식이 잘 진행되지 않고 체중이 증가하지 않는다면 딱 끊어주세요.
- 생후 12개월 이후에는 1일 1~2회 정도로 간식을 줘도 돼요. 가능하면 식사에서 부족한 영양소를 보충하는 메뉴로 정하세요.

Schedule

아침	이유식	**오전 중**	간식 + 우유		
점심	이유식	**오후**	간식 + 우유	**저녁**	이유식

이유식, 어디서 먹일까요?

아삭기는 아기가 식사 중에 일어서거나, 집중하지 않아서 엄마의 고민이 늘어나는 시기예요. 그래서 아기 혼자서는 빠져나올 수 없는 아기 의자를 이용하고 있는 집이 많아요.

아기가 입으로 음식을 가져가는 움직임이 원활하도록 의자 높이 조절해주세요. 무릎 관절이 테이블에 닿는 높이가 적당해요. 아기가 바닥에 발을 디딜 수 있게 의자 높이를 조절해주세요. 아기는 발이 바닥에 확실히 닿으면 발을 흔들지 않고 안정적으로 음식을 먹을 수 있어요.

아삭기 이유식의 적정량은 어느 정도인가요?

아기마다 먹는 양에 개인차가 있어요. 아기가 이유식의 기준량을 다 먹지 못하더라도 건강하고, 체중이 성장 곡선을 따라 늘고 있다면 문제없어요. 아기가 먹고 싶어하는 양을 이유식의 적정량으로 생각하세요. 주식을 적게 먹는 아기는 간식으로 주먹밥, 감자류 등을 먹여요. 단, 다음 끼니에 영향을 주지 않을 정도의 양을 먹이세요.

에너지원 식품 진밥 90g → 밥 80g

비타민 · 미네랄원 식품 채소 + 과일 40g → 50g

단백질원 식품 두부 50g → 55g(생선, 육류의 경우 15g → 20g)

아삭기의 기본 식재료 손질법

| 한입 크기로 썬다 | 채소, 두부, 생선, 고기 등은 1cm 크기로 깍둑써세요. 프라이팬에 기름을 두르고 재료를 살짝 볶아서 냉동해도 괜찮아요.

| 완성된 형태로 냉동한다 | 구이나 주먹밥, 고기완자 등은 완성된 형태로 냉동해두면 간편해요.

| 사용할 만큼만 꺼낸다 | 식재료는 지퍼백에 한꺼번에 넣어서 냉동하고, 요리할 때 필요한 양만큼 꺼내서 사용하세요.

| 꼭 기억해두어야 할 아삭기 이유식의 기본 원칙 |

- '돌아다니면서 먹거나, 밥을 먹을 때 딴짓을 하는' 등의 아기 식습관을 고쳐준다.
- 1일 3회 이유식을 기준으로 삼고, 하루에 1~2회 간식을 준다.
- 아기가 숟가락을 사용할 수 있게 도와준다.
- 이유식이 잘 진행되고 있는 아기는 조금 더 빠르게 유아식으로 바꿔도 괜찮다.

이유식 1회 분량의 모양과 굳기를
쌀(죽), 당근, 멜론, 두부로 비교해보세요!

쌀(진밥)	쌀1 : 물3~2의 비율로 밥을 지으세요. 1회 이유식 분량은 90g 정도가 적당해요.
당근(데굴데굴 당근)	당근 30g을 부드럽게 삶아서 1cm 크기로 깍둑썬 후 냄비에 넣으세요. 냄비에 당근이 잠길 정도의 채소수프를 붓고 끓이세요. 소금 또는 간장을 극소량 넣어도 괜찮아요(다싯물로 끓여도 좋아요).
멜론(채썬 멜론)	잘 익은 멜론 과육 10g을 채써세요.
두부(두부스테이크)	두부 50g을 반으로 자른 후 프라이팬에 버터 1작은술을 두르고 앞뒤로 살짝 구워주세요. 구운 두부에 간장 1/2작은술을 넣고 살짝 간하세요.

쌀(밥)	쌀1 : 물 1.5의 비율로 밥을 지으세요. 아기가 먹기 힘들어하면 약간 부드러운 밥으로 지으세요. 1회 이유식 분량은 80g이 적당해요.
당근(당근스틱)	당근 40g을 짧은 스틱 형태로 썬 후 냄비에 넣으세요. 냄비에 당근이 잠길 정도의 채소수프를 붓고 끓이세요. 소금 또는 간장을 극소량 넣어도 괜찮아요(다싯물로 조리해도 좋아요).
멜론(가늘게 썬 멜론)	잘 익은 멜론 과육 10g을 가늘게 써세요.
두부(두부스테이크)	구운 두부 55g을 반으로 자른 후 프라이팬에 버터 1작은술을 두르고 앞뒤로 살짝 구워주세요. 구운 두부에 간장 1/2작은술을 넣고 살짝 간하세요.

생후 12~18개월경

"아삭기 1주차"

아삭기는 어른과 거의 비슷한 음식을 먹을 수 있는 시기예요.
아삭기에도 역시 식재료를 먹기 좋게 밑 손질해두면 요리할 때 간편해요.
토란, 전갱이, 옥수수콘 등 새로운 식재료에 도전해보세요.
아기의 씹는 힘이 쑥쑥 길러져요. 핑거 푸드 메뉴도 잊지 말고 챙겨주세요.
지퍼백으로 냉동한 식재료의 경우 채소는 총 30~40g,
생선 · 육류는 15~20g이 1회 기준 분량이에요.
2가지 이상의 식재료를 조합할 때는 양을 조절해서 사용해주세요.

이것만 밑 손질해두면
월요일부터 금요일까지 OK

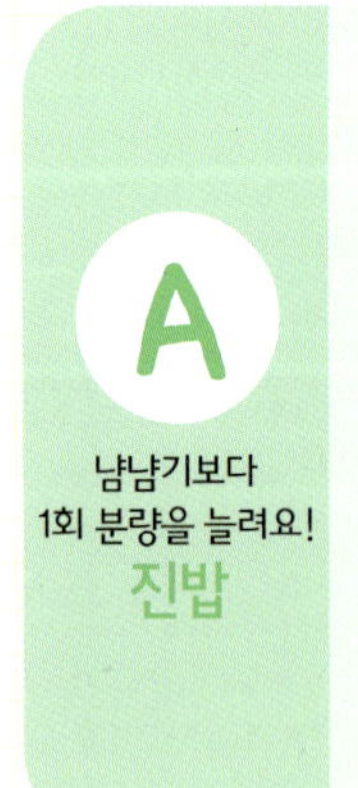

A

냠냠기보다
1회 분량을 늘려요!

진밥

| 재료 | 쌀 1컵(200ml), 물 600ml

90g x 7~8회분

1 전기밥솥에 쌀과 물을 넣고 취사한다.
2 진밥은 90g씩 소분 용기에 넣거나, 랩에 싸서 냉동한다.

| 재료 | 시금치 1/2단(100g)

30~40g 이내씩 사용

B

부드럽게 데쳐서 잘게 썰면 줄기도 먹을 수 있는

시금치

1. 시금치는 뜨거운 물에 넣고 부드러워질 때까지 데친다.
2. 데친 시금치는 1cm 폭으로 잘게 썬 후 물기를 뺀다.
3. 시금치는 지퍼백에 넣어서 냉동하고, 요리할 때 필요한 만큼 꺼내서 사용한다.

TIP

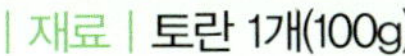

*아삭기에는 시금치 줄기까지 사용할 수 있어요.

| 재료 | 토란 1개(100g)

30~40g 이내씩 사용

C

전자레인지에 돌리기만 하면 껍질이 쏙!

토란

1. 토란은 잘 씻어서 껍질째 랩을 씌워 전자레인지로 2분 정도 가열한다.
2. 토란은 껍질을 벗기고, 지퍼백에 넣어서 거칠게 으깬다.
3. 토란은 지퍼백에 넣어서 평평하게 펴서 냉동하고, 요리할 때 필요한 만큼 꺼내서 사용한다.

가능한 첨가물이 없는 것을 선택

옥수수콘

| 재료 | 옥수수콘 1캔(100g)

30~40g 이내씩 사용

1 옥수수콘은 체에 밭쳐 내린 뒤 지퍼백에 넣어서 냉동하고, 요리할 때 필요한 만큼 꺼내서 사용한다.

E

아기에게는 지방이 적은 부위를 사용

저민 돼지고기

| 재료 | 저민 돼지고기 50g, 녹말가루 1/2작은술, 간장 1방울

15~20g 이내씩 사용

1 저민 돼지고기에 녹말가루와 간장, 물(1큰술)을 넣고 잘 섞는다.
2 1에 랩을 씌워 전자레인지로 40초~1분 정도 가열한다.
3 저민 돼지고기는 포크로 잘게 풀어놓는다.
4 저민 돼지고기는 지퍼백에 넣어서 냉동하고, 요리할 때 필요한 만큼 꺼내서 사용한다.

F

생선 비릿내가 없고 감칠맛이 뛰어나 아기들이 좋아하는

전갱이

| 재료 | 전갱이 50g

15~20g정도씩 사용

1 전갱이는 껍질을 벗긴 후 중앙에 있는 잔뼈를 칼집을 내어 도려낸다.
2 전갱이에 물(1큰술)을 끼얹고 랩을 씌워 전자레인지로 40초~1분 정도 가열한다.
3 가열한 전갱이를 대충 풀어놓는다.
4 전갱이는 지퍼백에 넣어서 냉동하고, 요리할 때 필요한 만큼 꺼내서 사용한다.

집에 있는 식재료와 조합하기

- **핫케이크 믹스**
  핫케이크 믹스에 채소를 넣으면 영양만점 찐빵으로 변신! 전자레인지를 이용하면 간편하게 조리할 수 있어요.
- **토마토**
  토마토는 씨와 껍질을 제거하고 1cm 크기로 깍둑써세요. 잘 익은 토마토를 고르세요.
- **당근**
  당근은 가는 스틱 형태나 1cm 두께로 둥글게 썰어주세요. 당근은 아기가 앞니로 씹는 연습을 하기에 좋아요.
- **그린빈**
  그린빈은 뜨거운 물에 부드럽게 데친 후 손에 쥐기 편하게 2~3cm 길이로 잘라주세요.
- **마른 잔멸치**
  마른 잔멸치는 아삭기의 칼슘원으로써 상비해두면 편리해요.
- **우유**
  우유는 조리용으로 90ml까지 사용 가능해요. 찐빵에 우유를 넣어서 영양가를 높여보세요.
- **플레인 요거트**
  플레인 요거트는 생선이나 육류와 무치면 푸석함을 없애줘요.
- **치즈가루**
  치즈가루는 크리미한 조림에 살짝 뿌리면 감칠맛이 살아나요. 이유식에는 1작은술까지만 사용하세요.
- **피자 치즈**
  피자 치즈는 토스터나 전자레인지로 간단히 녹일 수 있어요. 쫀득한 치즈 풍미를 느껴보세요.
- **가다랭이포**
  가다랭이포는 맛내기 재료로 대활약을 하죠. 채소에 가다랭이포를 더하면 일본풍 샐러드로 변신해요.
- **채소수프** • **녹말가루** • **간장**
- **올리브유** • **참기름**

12~11개월
아삭기
1주차

Monday

가다랭이포
토마토샐러드

시금치 전갱이비빔밥

약간의 가다랭이포로 간편하게 맛을 살린

가다랭이포 토마토샐러드

| 재료 |

● 어슷썬 토마토 2조각 + ● 가다랭이포 약간

1 토마토는 씨와 껍질을 제거하고 1cm 크기로 깍둑썬다.

2 토마토 20g(4작은술)에 가다랭이포를 뿌린다.

싫어하는 생선과 채소도, 섞어서 비벼주면 한 그릇 뚝딱!

시금치 전갱이비빔밥

| 재료 |

1 진밥에 시금치와 전갱이를 넣고 랩을 씌워 전자레인지로 2분~2분 30초 정도 가열한다.

2 1에 간장을 넣고 잘 섞는다.

진밥 90g에 물(1작은술)을 넣고
랩을 씌워 전자레인지로
2분 정도 가열하세요.

진밥

치즈 시금치무침

토란 미트볼

아기가 손으로 쥐기 쉽게 동글동글 빚은 **토란 미트볼**

1 내열 용기에 토란과 저민 돼지고기를 넣고 랩을 씌워 전자레인지로 40초~1분 정도 가열한다.
2 가열한 토란과 저민 돼지고기는 잘 섞은 후 8등분한다.
3 랩에 2를 올려 보자기 모양으로 둥글게 뭉친다.

이보다 더 간편할 수 없는 **치즈 시금치무침**

1 시금치에 피자 치즈를 올리고 전자레인지로 30~40초 정도 가열한다.

TIP 좀 더 색다른 음식을 하고 싶을 때는 치즈를 사용해보세요.

Wednesday

콘수프

시금치 돼지고기구이

부드러운 맛으로 우리 집 단골 메뉴가 될 것 같은

콘수프

1 내열 용기에 옥수수콘, 우유, 채소수프를 넣고 랩을 씌우지 않은 채 전자레인지로 1분 30초 정도 가열한다.

12~18개월 아삭기 1주차

고소하게 구워서 이유식 매너리즘 극복!

시금치 돼지고기구이

1 진밥에 시금치와 저민 돼지고기를 넣고 랩을 씌워 전자레인지로 2분 정도 가열한다.
2 가열한 것을 잘 섞는다.
3 프라이팬에 참기름을 두르고 숟가락으로 2를 한입 크기로 떠서 앞뒤로 굽는다.

Thursday

시금치 잔멸치샐러드

진밥

진밥 90g에 물(1작은술)을 넣고
랩을 씌워 전자레인지로
2분 정도 가열하세요.

토란뇨끼 콘크림

뽀빠이 아저씨도 좋아하는 칼슘 듬뿍 메뉴!

시금치 잔멸치샐러드

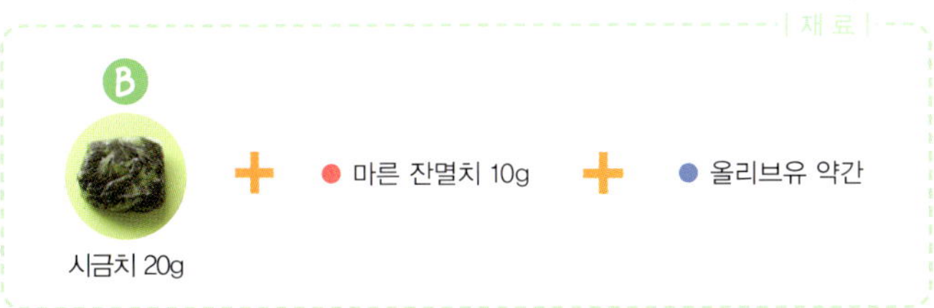

1 시금치는 랩을 씌워 전자레인지로 30~40초 정도 가열한다.
2 익힌 시금치는 손으로 꼭 짠다.
3 시금치에 마른 잔멸치, 올리브유를 넣고 잘 섞는다.

쫀득쫀득한 식감 때문에 아기들도 매일 찾는

토란뇨끼 콘크림

재료
C
토란 20g
D
옥수수콘 20g
우유 2큰술
치즈가루 약간
녹말가루 1큰술

1 토란은 랩을 씌워 전자레인지로 30~40초 정도 가열한다.
2 가열한 토란에 녹말가루를 섞어서 동그랗게 뭉친 다음 눌러서 평평하게 빚는다.
3 프라이팬을 달구고 2를 올려 앞뒤로 굽는다.
4 3에 옥수수콘과 우유를 넣고 더 끓인다.
5 그릇에 4를 담고 치즈가루를 뿌린다.

Friday
찐빵은 간식으로 좋은
핑거 푸드예요.
콘찐빵
채소스틱
생선디핑소스

폭신폭신 달콤한

콘찐빵

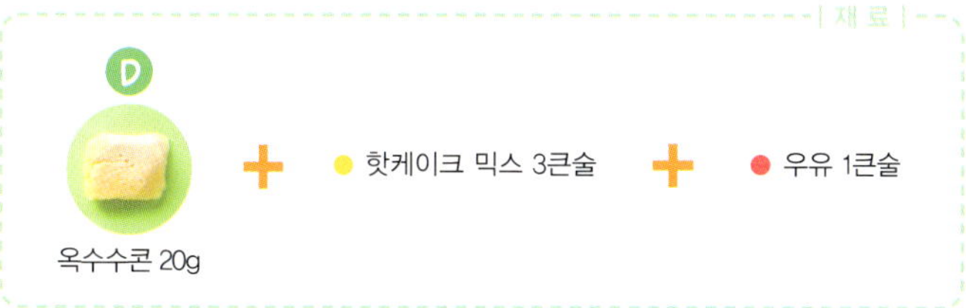

1 옥수수콘은 랩을 씌워 전자레인지로 30~40초 정도 가열한다.

2 핫케이크 믹스에 가열한 옥수수콘과 우유를 넣어 잘 섞는다.

3 실리콘 컵에 종이컵을 겹쳐놓은 다음 2를 넣고, 큼직한 내열 볼을 덮어 전자레인지로 1분 30초 정도 가열한다.

찐빵은 반죽이 부풀어 오르기 때문에 랩을 씌워서 가열할 수 없어요. 반죽이 건조해지는 것을 막으려면 내열 유리 볼을 덮어 가열하는 것을 추천해요!

소스에 콕 찍어 먹는 재미가 있는

채소스틱과 생선디핑소스

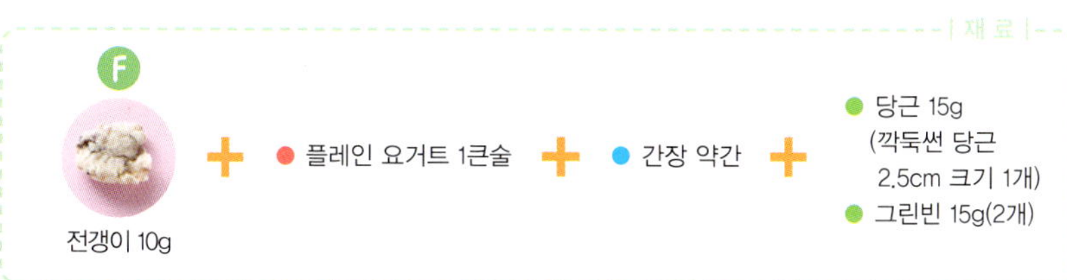

재료
F
전갱이 10g
플레인 요거트 1큰술
간장 약간
당근 15g
(깍둑썬 당근
2.5cm 크기 1개)
그린빈 15g(2개)

1 전갱이는 랩을 씌워 전자레인지로 30~40초 정도 가열한다.

2 요거트는 여과지에 올려 물기를 빼고, 전갱이를 넣고 잘 섞은 후 간장을 떨어트린다.

3 당근은 스틱 형태로, 그린빈은 3cm 길이로 잘라서 부드러워질 때까지 데친다.

4 당근과 그린빈을 2 옆에 놓고 소스를 찍어 먹인다.

생후 12~18개월경

"아삭기 2주차"

씹는 맛이 좋은 파스타는 아삭기 2주차 아기들이 좋아해요.
파스타 면을 흐물흐물하게 삶아서 우유조림이나 토마토조림,
수프 등에 넣어 양식 메뉴를 늘려보세요. 핑거 푸드는 완성된 형태로
냉동한 뒤 먹을 때 전자레인지에 돌리기만 하면 돼요.
바쁜 워킹맘들에게도 활용 만점인 핑거 푸드를 적극 이용해보세요.
아삭기 2주차에는 누룽지도 시도해보세요.

이것만 밑 손질해두면
월요일부터 금요일까지 OK

A 단시간에 부드럽게 숏파스타

| 재료 | 숏파스타(건면) 100g

약 100g x 3회분

1 파스타는 소금을 넣지 않은 끓는 물에서 기준 시간보다 오랫동안 삶아 흐물흐물하게 만든다.
2 파스타는 체에 밭쳐 건져낸 뒤 1~2cm 길이로 자른다.
3 파스타는 약 100g씩 소분 용기에 넣거나, 랩에 싸서 냉동한다.

| 재료 | 진밥 180g, 시금치 약 1/7단(30g), 마른 잔멸치 20g

2회분

1 시금치는 뜨거운 물에 부드러워질 때까지 삶은 후 잘게 썬다.
2 마른 잔멸치는 체에 밭쳐 뜨거운 물을 붓고 소금기를 뺀다.
3 진밥에 시금치와 마른 잔멸치를 넣고 잘 섞은 후 한입 크기로 둥글게 뭉쳐서 가볍게 눌러준다.
4 프라이팬에 기름을 살짝 두르고 3을 앞뒤로 노릇하게 굽는다.
5 누룽지는 지퍼백에 넣어서 냉동하고, 요리할 때 1회 분량씩 꺼내서 사용한다.

TIP

* 누룽지는 야외 점심으로도 활용할 수 있어요. 누룽지를 끓이면 죽이 되니 활용도 만점! 재료가 골고루 들어가서 영양도 좋아요.

B

고소하게 구워 핑거 푸드로 좋은

누룽지

| 재료 | 브로콜리 1/2개(꽃봉오리 부분 100g), 소금 약간

30~40g 이내씩 사용

1 브로콜리에 물(1/2컵)과 소금을 넣어 랩을 씌워 전자레인지로 4분 정도 가열한다.
2 브로콜리는 물기를 뺀 후 1cm 크기로 잘라서 나눠놓는다.
3 브로콜리는 지퍼백에 넣어서 냉동하고, 요리할 때 필요한 만큼 꺼내서 사용한다.

C

전자레인지로 돌리는 것도 간편!

브로콜리

D

1cm크기로 잘게 썰어 기름을 두르고 전자레인지로 땡!

팽이버섯

| 재료 | 팽이버섯 1/2봉지(50g), 올리브유 1/2작은술

30~40g 이내씩 사용

1. 팽이버섯은 1cm 길이로 썬다.
2. 내열 용기에 올리브유를 두르고 팽이버섯을 넣고 랩을 씌워 전자레인지로 1분 정도 가열한다.
3. 팽이버섯은 지퍼백에 넣어서 냉동하고, 요리할 때 필요한 만큼 꺼내서 사용한다.

E

싱싱한 날생선을 골라서

연어 플레이크

| 재료 | 생연어 50g

15~20g 이내씩 사용

1. 생연어는 껍질과 뼈를 제거한 뒤 7mm 크기로 깍둑썬다.
2. 연어는 물(1큰술)을 넣고 랩을 씌워 전자레인지로 40초~1분 정도 가열한다.
3. 연어는 지퍼백에 넣어서 냉동하고, 요리할 때 필요한 만큼 꺼내서 사용한다.

- **진밥** 진밥은 물 분량을 넉넉히 해서 지은 밥이에요. 아기의 씹는 힘에 맞춰 굳기를 조절해주세요.
- **당근** 당근은 1cm 크기로 깍둑써세요. 다싯물이나 수프에 당근을 넣어 부드럽게 끓이면 맛있어요.
- **오이** 오이는 껍질을 벗긴 후 스틱 상태로 자르면 핑거 푸드로 딱이에요!
- **방울토마토** 방울토마토는 달달해서 아기들이 좋아해요. 방울토마토는 씨와 껍질을 제거하고 사용하세요.

| 재료 | 얇게 썬 돼지고기 50g, 녹말가루 약간

F

촉촉함은 그대로

얇게 썬 돼지고기

1 돼지고기에 녹말가루를 얇게 묻힌다.
2 돼지고기를 끓기 직전의 뜨거운 물에 넣고 데친 후 체에 밭쳐 펼쳐놓는다.
3 데친 돼지고기는 랩을 씌워서 식힌 후 1cm 길이로 얇게 썬다.
4 돼지고기는 지퍼백에 넣어서 냉동하고, 요리할 때 필요한 만큼 꺼내서 사용한다.

TIP

* 돼지고기는 마트에서 살 때 얇게 채썰어 달라고 하면 편해요.
* 삶은 돼지고기는 랩을 씌워서 식혀야 촉촉함을 유지할 수 있어요.

12~18개월 아삭기 2주차

집에 있는 식재료와 조합하기

- **토마토주스** 토마토주스는 소량만 필요하면 캔주스를 사용해도 문제없어요.
- **달걀** 달걀은 아삭기 전반에는 1/2개, 후반에는 2/3개까지 먹일 수 있어요. 노른자와 흰자를 같이 먹여도 괜찮아요.
- **우유** 생후 12개월부터 분유나 모유 대신에 우유를 먹여도 괜찮아요.
- **치즈가루**
- **가다랭이포**
- **다싯물** • **채소수프** • **녹말가루** • **참깨가루** • **간장** • **설탕** • **소금**

Monday

팽이버섯 당근수프

연어와 브로콜리 크림파스타

버섯으로 감칠맛이 살아난 수프

팽이버섯 당근수프

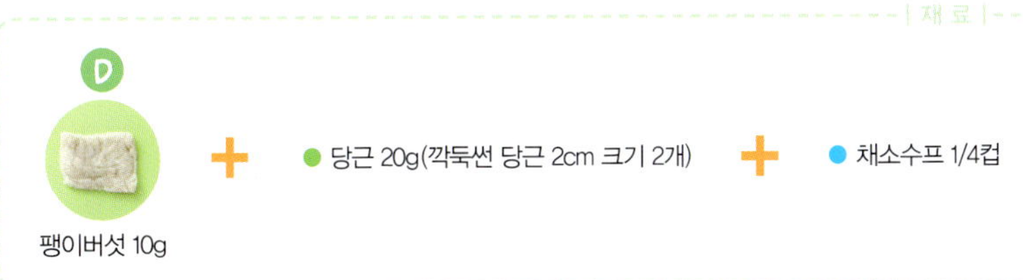

1 당근은 2cm로 크기로 깍둑썬다.

2 냄비에 팽이버섯, 채소수프, 당근을 넣고 부드러워질 때까지 끓인다.

TIP 팽이버섯, 표고버섯, 송이버섯 등의 버섯류는 모두 냉동해서 조리해도 괜찮아요. 버섯은 조리가 간편하고, 식감과 맛을 더해줘서 좋은 재료예요.

12~18개월 아삭기 2주차

소금, 후추만 더하면 엄마도 맛있게 먹을 수 있는

연어와 브로콜리 크림파스타

1 큼직한 내열 용기에 숏파스타, 브로콜리, 연어플레이크, 우유를 넣은 후 치즈가루를 뿌린다.

2 1에 랩을 씌워 전자레인지로 3분 정도 가열한다.

3 가열한 것을 잘 섞는다.

Tuesday

채소, 다싯물, 달걀만
있으면 진밥으로
만들어도 괜찮아요.

달걀 누룽지죽

브로콜리 참깨무침

누룽지를 끓이면 죽으로 변신!

달걀 누룽지죽

재료
B
D
풀어놓은 달걀 1/4개분
다싯물 1/4컵
누룽지 1회분
팽이버섯 10g

1 냄비에 누룽지, 팽이버섯, 다싯물을 넣고 중약불에서 끓인다.

2 1이 끓어오르면 풀어놓은 달걀을 넣고 살짝 더 끓인다.

12~18개월 아삭기 2주차

몸에 좋은 참깨도 조금씩 시도!

브로콜리 참깨무침

1 브로콜리는 랩을 씌워 전자레인지로 30~40초 정도 가열한다.

2 가열한 브로콜리에 다싯물, 참깨가루, 간장을 넣고 잘 섞는다.

Wednesday

브로콜리 밀크수프

사탕 모양의 주먹밥은
야외에서도 먹기 좋아요.

연어와 팽이버섯 주먹밥

유제품 보충에 좋은

브로콜리 밀크수프

1 브로콜리에 우유, 소금을 넣고 랩을 씌우지 않은 채 전자레인지로 1분 정도 가열한다.

랩을 벗기고 입속으로 쏙!

연어와 팽이버섯 주먹밥

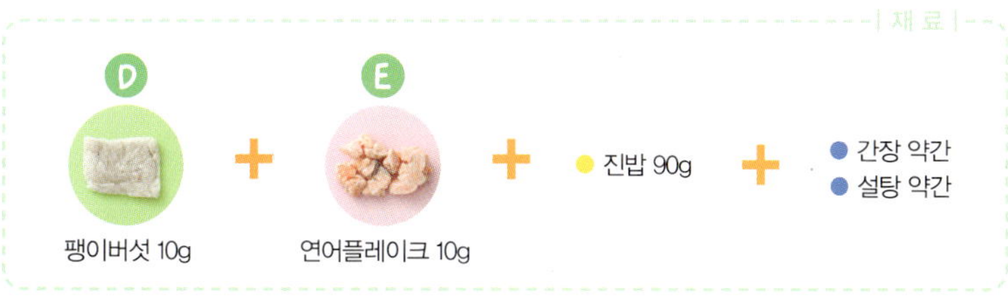

재료
D
팽이버섯 10g
E
연어플레이크 10g
진밥 90g
간장 약간
설탕 약간

1 팽이버섯과 연어플레이크에 간장, 설탕을 넣고 랩을 씌워 전자레인지로 30~40초 정도 가열한다.

2 진밥에 1을 넣고 섞는다.

3 길게 깔아놓은 랩에 2를 올린 다음 중간중간 꼬아서 사탕 모양으로 주먹밥을 만든다.

Thursday
돼지고기 토마토수프 파스타
오이스틱샐러드

무첨가물 토마토주스로 간편하게 맛내기!

돼지고기 토마토수프 파스타

1 큼직한 내열 용기에 숏파스타, 얇게 썬 돼지고기, 토마토주스를 넣고 랩을 씌워 전자레인지로 3분 정도 가열한다.

2 가열한 것을 잘 섞는다.

3 그릇에 2를 담고 치즈가루를 뿌린다.

파스타 먹다가 오이를 집어 아삭아삭

오이스틱샐러드

1 오이는 껍질을 벗긴 후 3~4cm 길이로 잘라서 세로로 6등분한다.

2 오이 위에 가다랭이포를 뿌린다.

Friday

미니 누룽지

어른이 먹어도
맛있을 정도로
달콤한 반찬이에요.

돼지고기 브로콜리 달콤조림

맛을 내는 최강 콤비의 조합

돼지고기 브로콜리 달콤조림

| 재료 |
C
F
브로콜리 20g
얇게 썬 돼지고기 10g
방울토마토 1개
다싯물
녹말가루 1/2작은술
간장 약간

1 방울토마토는 가로로 반을 잘라서 씨를 제거한다.

2 브로콜리와 얇게 썬 돼지고기에 녹말가루를 묻힌다.

3 2에 방울토마토와 다싯물을 넣고 랩을 씌워 전자레인지로 1분 30초 정도 가열한다.

4 토마토 껍질을 벗겨가며 3을 잘 섞은 뒤 간장을 떨어트린다.

바쁠 때! 식재료가 없을 때 구세주!

미니 누룽지

1 누룽지에 랩을 씌워 전자레인지로 2분 정도 가열한다.

쉿! 엄마만 아는 TIP

아기에게 철분과 칼슘이 듬뿍 들어있는 요리를 해주고 싶다면 영양밥을 만들어보세요. 평소에 부족하기 쉬운 푸른 채소(시금치, 소송채 등), 잔생선(잔멸치, 뱅어포 등), 해조류(미역, 톳 등)를 진밥에 넣고 잘 섞으면 완성! 맛도 있어서 아기가 좋아해요.

생후 12~18개월경

"아삭기 3주차"

아삭기 3주차부터는 피자토스트, 샌드위치, 혼합밥, 라이스크로켓 등 어른과 함께 먹을 수 있는 메뉴가 늘어나요. 재료를 넉넉하게 준비해서 어른 것까지 만들어보세요. 어른 메뉴를 만들 때는 이유식과 양념을 조금 다르게 해서 마무리하세요. 한번의 조리로 어른과 아이가 같이 먹을 수 있는 일석이조 레시피를 지금부터 공개해요!

이것만 밑 손질해두면
월요일부터 금요일까지 OK

A

1장씩 냉동해두면 자유자재로 활용 가능

식빵

| 재료 | 식빵 3장

1장 x 3회분

ı 식빵은 지퍼백에 넣어서 냉동하고, 요리할 때 1장(40~50g)씩 꺼내서 사용한다.

B

먹기 쉽게
볼 형태로 얼린
고구마 참치 혼합밥

| 재료 | 쌀 1컵(200ml), 물(적당량), 캔참치 1캔(80g), 고구마 1/2개(100g)

90g x 6회분

1. 캔참치는 체에 밭쳐 뜨거운 물을 붓고 염분과 기름을 뺀다.
2. 고구마는 껍질을 벗긴 후 작게 깍둑썬다.
3. 전기밥솥에 쌀과 물을 붓고, 고구마와 캔참치를 넣은 뒤 취사한다.
4. 취사가 완료된 밥을 1회분(90g)씩 랩에 올려 동그랗게 뭉쳐 냉동한다. 또는 1회분씩 랩에 싸서 냉동한다.

TIP

* 물 양은 쌀 한 컵 분량의 취사를 할 때보다 조금 적게 넣으세요. 고구마에서 수분이 빠져나오기 때문이에요.

C

수프, 탕수,
샐러드에 만능으로
이용할 수 있는
채썬 채소 믹스

| 재료 | 양배추 잎 2장(50g), 당근 1/3개(50g)

30~40g 이내씩 사용

1. 양배추와 당근은 채썬다.
2. 양배추와 당근은 랩을 씌워 전자레인지로 2분 정도 가열한다.
3. 가열한 양배추와 당근은 물기를 뺀다.
4. 양배추와 당근은 지퍼백에 넣어서 냉동하고, 요리할 때 필요한 만큼 꺼내서 사용한다.

D

식이섬유로 가득찬 영양 덩어리 과일
키위

| 재료 | 키위 1개

10g 이내씩 사용

1 키위는 껍질을 벗긴 후 가로로 반을 잘라서 7mm 두께의 반달 모양으로 썬다.
2 키위는 지퍼백에 넣어서 냉동하고, 요리할 때 필요한 만큼 꺼내서 사용한다.

TIP

* 키위 씨가 거슬린다면 제거한 뒤 냉동하세요.

E

육즙을 머금은 상태로 식히면 촉촉한
닭다리살

| 재료 | 닭다리살 50g

15~20g 이내씩 사용

1 닭다리살은 껍질과 지방을 제거한 뒤 랩을 씌워 전자레인지로 1분 30초 정도 가열한다.
2 가열한 닭다리살은 그대로 식혀서 얇게 썬다.
3 닭다리살은 지퍼백에 넣어서 냉동하고, 요리할 때 필요한 만큼 꺼내서 사용한다.

TIP

* 닭다리살을 랩에 싼 채로 식히면 수분이 날아가지 않아서 촉촉해요.

| 재료 | 달걀 1개, 소금 약간, 설탕 약간

1/2~2/3개씩 사용

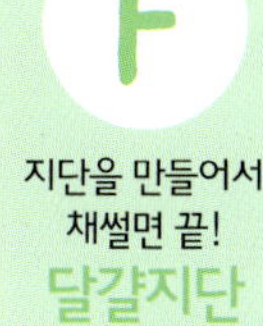

지단을 만들어서 채썰면 끝!

달걀지단

1 달걀을 풀어서 소금과 설탕을 넣고 섞는다.
2 프라이팬에서 달걀지단을 만든 후 채썬다.
3 달걀지단을 지퍼백에 넣어서 냉동하고, 요리할 때 필요한 만큼 꺼내서 사용한다.

TIP

* 달걀지단은 넉넉하게 만들어서 어른이 먹는 밥에 뿌려 먹거나 샐러드나 국수의 토핑으로 사용해도 좋아요.

집에 있는 식재료와 조합하기

- **토마토** 토마토는 씨와 껍질을 제거한 뒤 1~2cm 크기로 자르세요. 토마토는 샐러드나 빵에 넣어 먹어요.
- **가지** 가지는 껍질을 벗기고 먹기 좋게 자른 후 부드럽게 데치거나 구워서 조리하세요.
- **그린 아스파라거스** 그린 아스파라거스는 뿌리 부분을 잘라내고 얇게 어슷 썰어 사용하세요.
- **바나나** 바나나는 한입 크기로 자르기만 하면 아기들이 좋아하는 달콤한 디저트가 돼요.
- **마른 조각 미역** 마른 미역을 물에 불리거나, 염장 미역을 씻어서 소금기를 뺀 뒤 사용하세요.

두부 · **마른 잔멸치** · **우유** · **치즈가루** · **피자 치즈**

다싯물 · **채소수프** · **녹말가루** · **밀가루** · **빵가루** · **카레가루**

참깨가루 · **토마토케첩** · **올리브유** · **샐러드유** · **간장** · **설탕** · **식초**

Monday
피자토스트
닭다리구이와 키위소스

토마토의 신맛과 치즈의 짠맛은 황금 콤비!

피자토스트

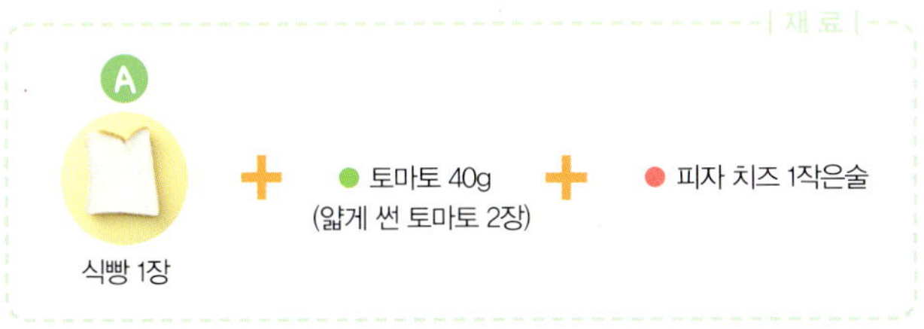

1 식빵은 6등분으로 자른다.
2 토마토는 씨와 껍질을 제거한 뒤 한입 크기로 잘라서 식빵 위에 올린다.
3 2 위에 피자 치즈를 뿌린다.
4 3을 오븐 토스터로 2~3분 정도 굽는다.

새콤달콤한 과일 소스로 멋지게 변신!

닭다리구이와 키위소스

1 프라이팬에 올리브유를 두른 후 닭다리살을 앞뒤로 굽는다.
2 익은 닭다리살에 간장을 두른다.
3 키위는 랩을 씌워 전자레인지로 30~40초 정도 가열한다.
4 가열한 키위는 으깬 다음 2 위에 뿌린다.

Tuesday

채소탕수 두부스테이크

라이스볼수프

채소 듬뿍! 두부가 담백!

채소탕수 두부스테이크

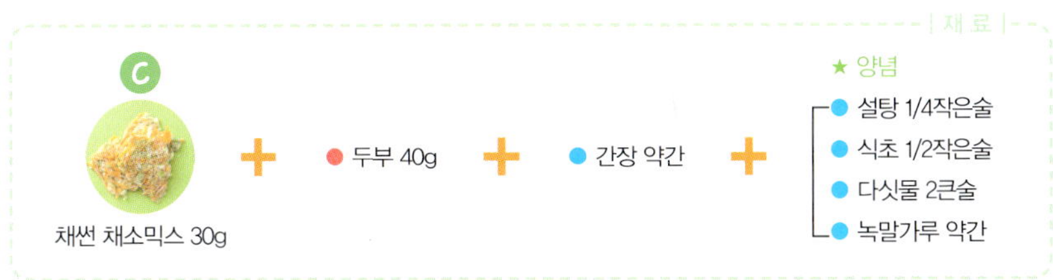

1 두부는 가볍게 물기를 뺀 후 간장을 두른다.

2 프라이팬에 올리브유를 두른 후 두부를 앞뒤로 구워 그릇에 담는다.

3 프라이팬에 채썬 채소믹스를 볶으면서 양념을 넣고 섞는다.

TIP 채썬 채소믹스는 냉동된 상태 그대로 후라이팬에 올려 해동과 가열을 한번에 해요.

4 구운 두부 위에 3을 뿌린다.

12~18개월 아삭기 3주차

냉동된 상태에서 가루를 묻히는 기술로 걸쭉하게!

라이스볼수프

1 혼합 주먹밥은 냉동된 상태 그대로 녹말가루를 묻힌다.

2 냄비에 채소수프를 끓인 후 1을 넣어서 해동시키며 더 끓인다.

Wednesday

중국풍 닭고기샐러드

키위잼 플라워샌드위치

아기의 식욕을 끌어올리기 위해 음식을 귀엽게 모양내는 것도 중요해요!

냉동 식재료 3가지가 컬러풀한 샐러드로 대변신!

중국풍 닭고기샐러드

재료
C
E
F
채썬 채소믹스 30g
닭다리살 10g
달걀지단 5g
★ 양념
참깨가루 1/2작은술
간장 1/4작은술
식초 1/2작은술

1 채썬 채소믹스에 닭다리살, 달걀지단을 넣고 랩을 씌워 전자레인지로 1분 정도 가열한다.

2 1에 양념을 넣고 잘 섞는다.

상큼하고 달콤한 맛에 계속 손이 가는

키위잼 플라워샌드위치

1 식빵을 모양틀로 찍어낸다.

2 키위는 설탕을 뿌리고 랩을 씌워 전자레인지로 30~40초 정도 가열한다.

3 가열한 키위를 으깬다.

4 빵 사이에 으깬 키위를 넣어 샌드위치를 만든다.

TIP 모양을 찍어내고 남은 식빵 조각은 빵죽이나 프렌치 토스트로 만들어보세요(p. 204 참조).

키위와 바나나

가지와 아스파라거스
라이스크로켓

튀기지 않는 영양 크로켓

가지와 아스파라거스 라이스크로켓

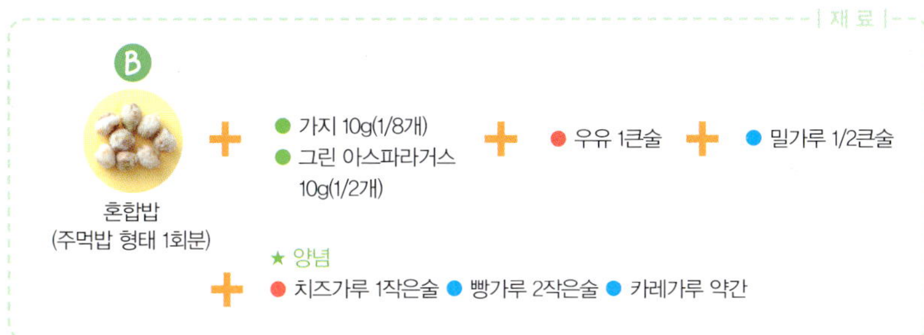

| 재 료 |
B
혼합밥
(주먹밥 형태 1회분)
+
가지 10g(1/8개)
그린 아스파라거스 10g(1/2개)
+
우유 1큰술
+
밀가루 1/2큰술
★ 양념
+
치즈가루 1작은술
빵가루 2작은술
카레가루 약간

1 가지는 껍질을 벗긴 후 스틱 모양으로 썰고, 아스파라거스는 7mm 폭으로 어슷썬다.
2 우유와 밀가루를 섞은 후 혼합밥, 가지, 아스파라거스에 따로따로 묻힌다.
3 양념을 섞어서 2에 묻히고, 랩을 씌우지 않은 채 전자레인지로 1분 정도 가열한다.
4 오븐토스터에 3을 넣고 8~10분 정도 굽는다.

새콤함과 달콤함이 딱 맞는 조합

키위와 바나나

1 키위는 랩을 씌워 전자레인지로 30~40초 정도 가열한다.
2 가열한 키위는 반으로 자르고, 바나나는 둥글게 썬다.
3 키위와 바나나를 접시에 담는다.

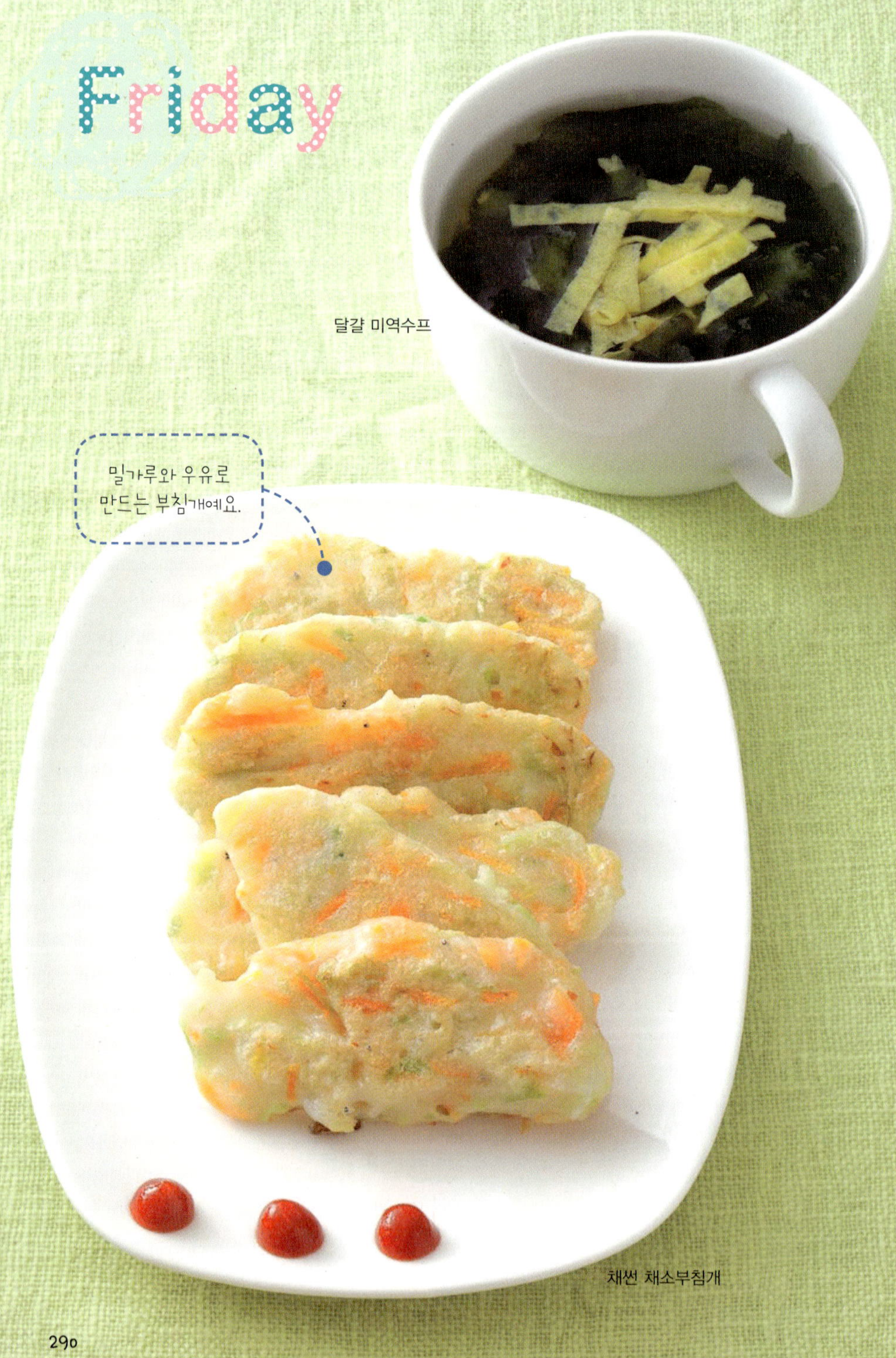
Friday
밀가루와 우유로
만드는 부침개예요.

달걀 미역수프

채썬 채소부침개

달걀지단으로 화사하게!

달걀 미역수프

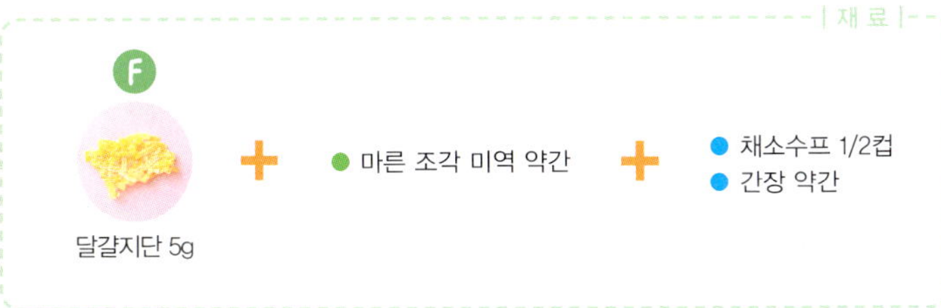

| 재료 |

달걀지단 5g

+ ● 마른 조각 미역 약간

+ ● 채소수프 1/2컵
● 간장 약간

1 미역은 물에 불린 후 10g(2작은술)을 1cm 크기로 자른다.

2 냄비에 채소수프와 미역을 넣고 4~5분 정도 끓인다.

3 달걀지단을 2에 넣고 한소끔 더 끓인 후 간장을 떨어트린다.

12~18개월
아삭기
3주차

반죽에 꽁꽁 싸서 채소를 먹기 좋게!

채썬 채소부침개

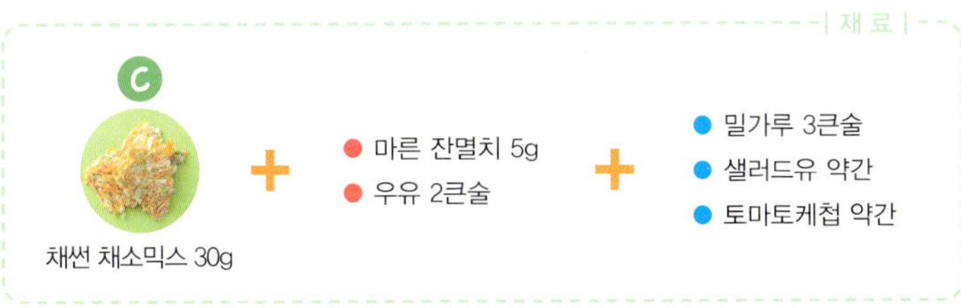

| 재료 |

채썬 채소믹스 30g

+ ● 마른 잔멸치 5g
● 우유 2큰술

+ ● 밀가루 3큰술
● 샐러드유 약간
● 토마토케첩 약간

1 채썬 채소믹스, 마른 잔멸치, 우유, 밀가루를 잘 섞는다.

2 프라이팬에 샐러드유를 두른 후 1을 5등분해서 숟가락으로 떠놓은 다음 앞뒤로 굽는다.

3 2를 접시에 담고 토마토케첩을 곁들인다.

생후 12~18개월경

"아삭기 4주차"

아삭기 4주차의 아기는 씹는 것이 능숙해지고,
식사를 즐길 수 있는 여유가 생겨요. 아기가 좋아하는 색색깔의 귀여운 메뉴를
많이 만들어주세요. 이 시기 이유식은 거의 완성된 형태로 냉동하므로
밑 손질이 조금 번거롭지만 먹일 때는 간편해요!
아기가 '식사는 즐거운 거구나!' 라고 느낄 수 있도록 엄마가 도와주세요.
아기 때 식습관이 평생을 가는 거 아시죠?
아기와 엄마가 함께 노력해서 즐거운 식사 시간을 만들어보세요.

이것만 밑 손질해두면
월요일부터 금요일까지 OK

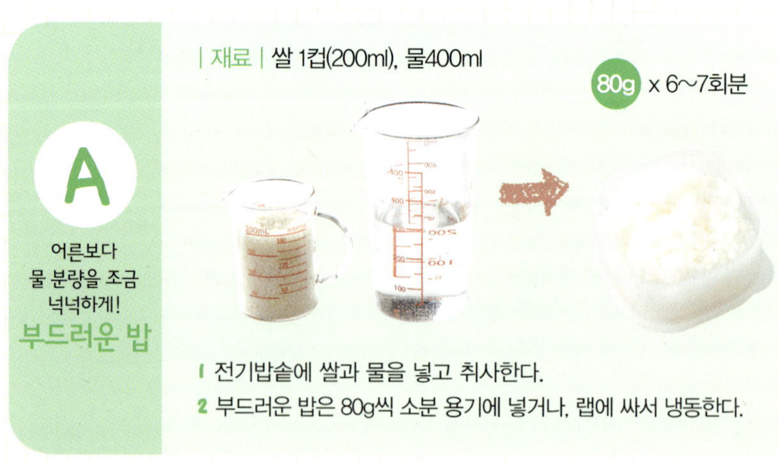

A

어른보다 물 분량을 조금 넉넉하게!

부드러운 밥

| 재료 | 쌀 1컵(200ml), 물400ml

80g x 6~7회분

1 전기밥솥에 쌀과 물을 넣고 취사한다.
2 부드러운 밥은 80g씩 소분 용기에 넣거나, 랩에 싸서 냉동한다.

B

손에 쥐기 편한
한입 크기
포테이토볼

| 재료 | 감자 1/3개(50g), 브로콜리 15g, 녹말가루 1작은술

2회분

1. 감자는 껍질째 랩을 씌워 전자레인지로 1분 30초 정도 가열한 후 껍질을 벗기고 으깬다.
2. 브로콜리는 데친 후 잘게 썬다.
3. 감자와 브로콜리에 녹말가루를 넣고 섞은 후 12등분해서 동그란 모양으로 뭉친다.
4. 프라이팬에 버터를 약간 녹인 후 3을 올려 앞뒤로 뒤집어가며 굽는다.
5. 포테이토볼은 지퍼백에 넣어서 냉동하고, 요리할때 필요한 만큼 꺼내서 사용한다.

C

채소에서 나온
수분만으로
맛을 응축!
라따뚜이

| 재료 | 단호박 30g, 피망 1개, 양파 1/5개, 토마토 1/4개,
올리브유 1작은술, 소금 약간

약 30g x 4회분

1. 단호박, 피망, 양파는 1cm 크기로 깍둑썬 후 올리브유와 소금을 뿌린다.
2. 토마토는 씨를 제거한 뒤 자른 면을 아래로 해서 1 위에 올리고, 랩을 씌워 전자레인지로 3분 정도 가열한다.
3. 토마토 껍질을 벗겨가며 가열한 것을 잘 섞는다.
4. 라따뚜이는 4등분해서 소분 용기에 넣고 냉동한다.

D 촉촉하고 순한 맛의 미역 플레이크

| 재료 | 마른 조각 미역 30g, 당근 1/5개(30g), 마른 잔멸치 10g(2큰술), 다싯물 2큰술, 올리브유 약간

1회 1큰술이 기준

1 미역과 당근은 잘게 썰고, 마른 잔멸치는 체에 밭쳐 뜨거운 물을 붓고 소금기를 뺀다.
2 1에 다싯물을 넣고 잘 섞는다.
3 2에 올리브유를 넣고 랩을 씌워 전자레인지로 5분 정도 가열한다.
4 미역플레이크는 지퍼백에 넣어서 냉동하고, 요리할 때 필요한 만큼 꺼내서 사용한다.

TIP

*마른 조각 미역은 불려서 사용하세요.
*촉촉한 미역플레이크는 수프나 완탕, 만두소로도 이용 가능해요.

E 구워서 냉동하면 비린내가 싹 방어

| 재료 | 방어 50g

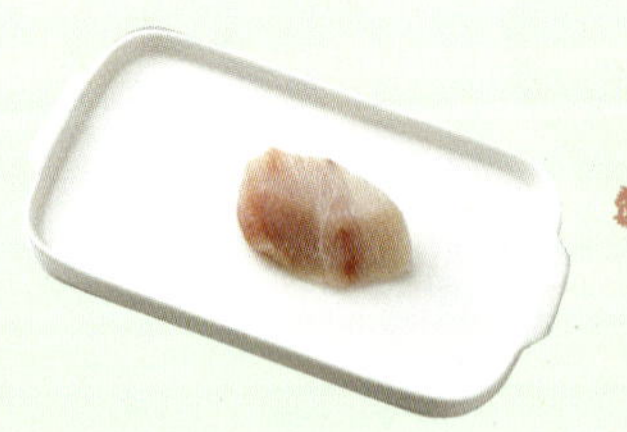

10g x 5회분

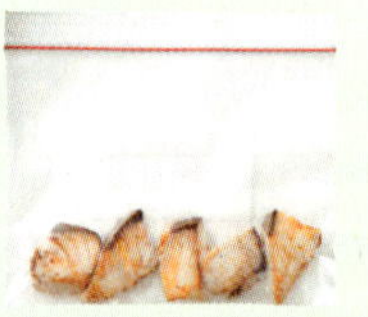

1 방어는 껍질과 뼈를 제거한 뒤 5등분으로 나눈다.
2 프라이팬에 버터를 살짝 녹인 후 방어를 앞뒤로 굽는다.
3 방어는 지퍼백에 넣어서 냉동하고, 요리할 때 1회분량씩 꺼내서 사용한다.

F

식감이 부드러운
미트볼

| 재료 | 두부 20g, 저민 고기 40g, 녹말가루 1작은술, 간장1/2작은술

2~3개씩 사용

1 두부, 저민 고기, 녹말가루, 간장을 잘 섞은 후 8등분한다.
2 1을 동그랗게 뭉쳐서 뜨거운 물에 속이 익을 때까지 데친다.
3 미트볼은 지퍼백에 넣어서 냉동하고, 요리할 때 필요한 만큼 꺼내서 사용한다.

집에 있는 식재료와 조합하기

- **완탕피** 완탕피는 밀가루가 원료예요. 완탕피로 음식을 만들면 입안에 쏙 들어가므로 아기에게도 인기만점이에요.
- **무와 무잎** 무즙은 가열하면 매운 맛이 달아나고, 순한 맛으로 변신해요.
- **오이** 오이는 씨와 껍질을 그대로 먹여도 돼요. 아기가 싫어할 경우에만 제거해주세요.
- **방울토마토** 방울토마토를 반으로 잘라 씨를 제거하면 딱 한입 크기가 돼요.
- **토마토주스** 토마토주스는 밑 손질 없이 사용할 수 있어서 편리해요. 토마토 맛 리조또에 넣어보세요.
- **김** 김밥은 되도록 얇게 말아서 작게 잘라야 아기가 좋아해요.
- **두부** 두부는 표면에 잡균이 붙기 쉬우므로 살균을 위해 가열하세요.
- **우유** 우유나 분유는 하루에 300~400ml 정도를 먹이는 게 적당해요. 우유를 수프에 더해서 먹여도 좋아요.
- **피자 치즈** 피자 치즈는 염분과 지방이 많으므로 1작은술까지만 먹여요.
- **치즈가루** ● **다싯물** ● **녹말가루** ● **채소수프** ● **간장** ● **설탕** ● **소금** ● **식초**

Monday
밥
방어 무즙탕수
밥 80g에 물(1작은술)을
넣고 랩을 씌워 전자레인지로
2분 정도 가열하세요.
미역플레이크
완탕수프

생선살이 촉촉하고 담백한

방어 무즙탕수

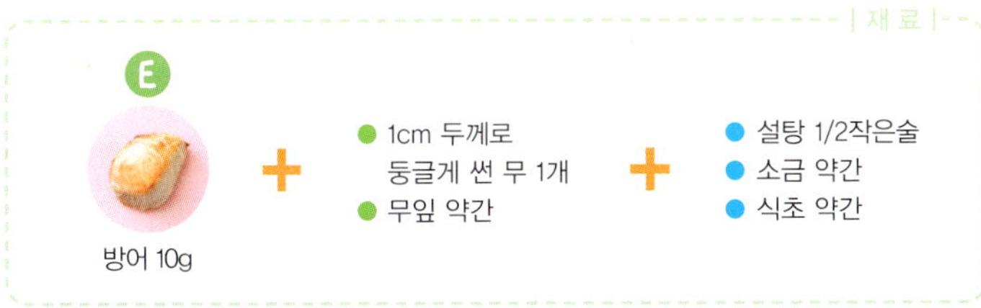

1 방어는 프라이팬에 올려 앞뒤로 굽는다.
2 무는 강판에 갈아서 살짝 물기를 뺀 후 30g(6작은술)에 설탕, 소금, 식초를 넣고 전자레인지로 30초 정도 가열한다.
3 무잎은 부드러울 때까지 데친 후 잘게 썬다.
4 2에 데친 무잎을 넣고 잘 섞는다.
5 방어 위에 4를 뿌린다.

완탕 피를 딱 접어서 붙이면 완성!

미역플레이크 완탕수프

1 완탕피는 비스듬하게 반을 자른다.
2 미역플레이크는 냉동된 상태 그대로 6등분한 후 완탕 피에 한 덩어리씩 올려서 반으로 접는다.
3 냄비에 채소수프를 펄펄 끓인 후 2와 간장을 넣고 한소끔 더 끓인다.

Tuesday

미역플레이크 혼합밥

어른 밥에
섞어 먹어도 맛있어요.

미트볼 라따뚜이조림

흰밥이 조금 부족한 느낌일 때

미역플레이크 혼합밥

1 밥에 미역플레이크와 물(1작은술)을 넣고 랩을 씌워 전자레인지로 2분 정도 가열한다.

2 가열한 밥과 미역플레이크를 잘 섞는다.

12~18개월
아삭기
4주차

이보다 더 맛있을 수 없고, 이보다 더 간편할 수 없는

미트볼 라따뚜이조림

1 라따뚜이와 미트볼은 랩을 씌워 전자레인지로 1분~1분 30초 정도 가열한다.

2 가열한 라따뚜이와 미트볼을 잘 섞는다.

TIP 돼지고기로 만들면 돼지고기 미트볼이 소고기로 만들면 소고기 미트볼이 돼요.
미트볼은 넉넉히 만들어서 어른 음식에 넣어 먹어도 맛있어요.
미트볼을 스튜, 그라탕에도 활용해보세요.

Wednesday

미역플레이크 두부탕수

오이 김밥

플레이크에 걸쭉함을 더해서 아이가 더 좋아하는

미역플레이크 두부탕수

1 두부는 랩을 씌워 전자레인지로 40초~1분 정도 가열한다.

2 미역플레이크에 다싯물, 녹말가루를 넣고 랩을 씌워 전자레인지로 30~40초 정도 가열한다.

3 2를 잘 섞어서 두부 위에 뿌린다.

12~18개월 아삭기 4주차

아삭아삭 리듬감 있는 식감으로 멈출 수 없는 맛

오이 김밥

1 밥에 물(1작은술)을 넣고 랩을 씌워 전자레인지로 2분 정도 가열한다.

2 김에 밥(40g)을 넣어 얇게 편 뒤 오이 1개를 올리고 돌돌 만다.
동일하게 한 줄 더 말고 한입 크기로 썬다.

3 방울토마토는 반을 잘라서 씨와 껍질을 벗기고, 김밥과 곁들인다.

Thursday
포테이토와 미트볼 치즈구이
밥 80g에 물(1작은술)을
넣고 랩을 씌워 전자레인지로
2분 정도 가열하세요.
밥
밀크라따뚜이 수프

한입에 쏙 들어가는

포테이토와 미트볼 치즈구이

| 재료 |

B 포테이토볼 6개 + F 미트볼 2개 + ● 피자 치즈 1작은술

1 포테이토볼과 미트볼을 내열 그릇에 담고 피자 치즈를 뿌린다.

2 1을 오븐 토스터에 10분 정도 굽는다.

TIP 오븐이 없으면 랩을 씌워 전자레인지로 2분 정도 가열해도 괜찮아요.

12~18개월 아삭기 4주차

영양 만점! 여러 가지 채소의 포타주

밀크라따뚜이 수프

| 재료 |

C 라따뚜이 30g + ● 우유 2큰술

1 라따뚜이에 우유를 넣고 랩을 씌우지 않은 채 전자레인지로 40초~1분 정도 가열한다.

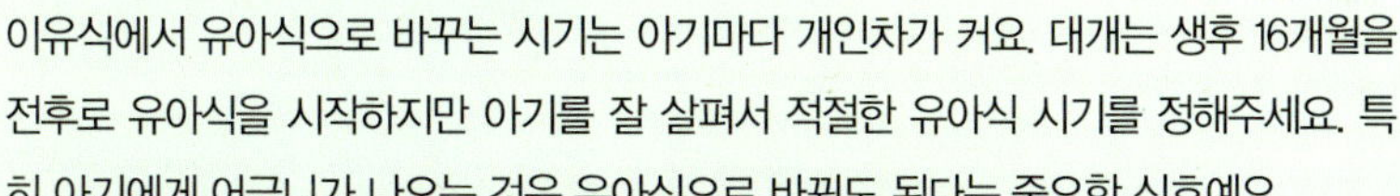

쉿! 엄마만 아는 TIP

이유식에서 유아식으로 바꾸는 시기는 아기마다 개인차가 커요. 대개는 생후 16개월을 전후로 유아식을 시작하지만 아기를 잘 살펴서 적절한 유아식 시기를 정해주세요. 특히 아기에게 어금니가 나오는 것은 유아식으로 바꿔도 된다는 중요한 신호예요.

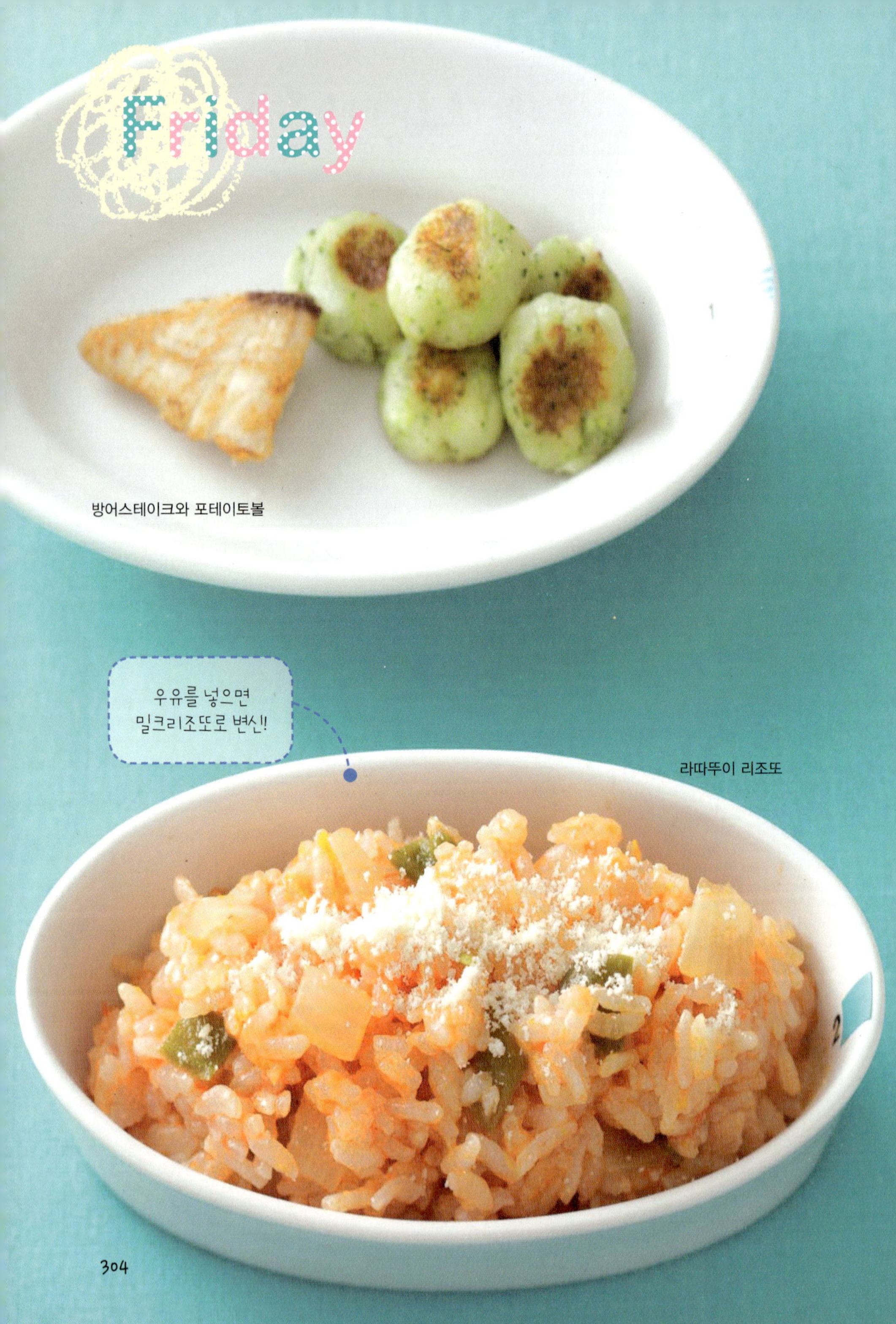
Friday
1
우유를 넣으면
밀크리조또로 변신!!
2

방어스테이크와 포테이토볼

라따뚜이 리조또

우는 아기도 눈물을 뚝 그치게 하는 기분 전환 메뉴!

방어스테이크와 포테이토볼

1 프라이팬에 기름을 두른 후 방어와 포테이토볼을 앞뒤로 굽는다.

TIP 뚜껑을 덮고 앞뒤로 잘 구워주세요.

부드러운 토마토 맛은 아기는 물론 어른도 대만족

라따뚜이 리조또

12~18개월
아삭기
4주차

1 밥에 라따뚜이와 토마토주스를 넣고 랩을 씌워 전자레인지로 3분 정도 가열한다.
2 1을 잘 섞어서 그릇에 담고, 치즈가루를 뿌린다.

쉿! 엄마만 아는 TIP

아기에게 이가 나면 손가락 칫솔을 이용해 이를 잘 닦아주세요. 외출할 때는 구강 티슈를 사용하는 것도 좋은 방법이에요. 유치 때부터 이를 잘 관리해줘야 튼튼한 영구치가 나요.

알려주세요, 선생님 1

| 녹말가루 사용법 |

단단한 식재료도 걸쭉하게 만들면 먹기 쉬운 이유식이 돼요. 녹말가루는 음식을 걸쭉하게 만들어주는 이유식 필수 아이템이에요. 감자류의 전분이 원료인 녹말가루는 이유식에 사용해도 안심할 수 있는 식재료죠!

▶ 이유식에서 중요한 것은 걸쭉함!

아기가 이유식을 먹지 않는 이유 중 하나는 먹기 힘들기 때문이에요. 예를 들어 푸석거리는 생선이나 육류, 퍽퍽한 단호박, 섬유질이 많은 푸른 채소 등을 그대로 먹이면 아기가 힘들어해요. 이렇게 먹기 힘든 식재료를 먹을 수 있게 만들어주는 것이 바로 녹말가루예요. 녹말가루를 사용하면 어떤 식재료도 걸쭉해져요. 그러므로 녹말가루는 이유식에서 꼭 빠져서는 안될 아이템이죠!

녹말가루 사용법은 매우 간단해요. 냄비를 이용한 조리에는 물에 풀어둔 녹말가루를 끓인 국물에 넣으세요. 전자레인지를 이용한 조리에는 물에 풀어둔 녹말가루를 식재료에 뿌려서 전자레인지로 돌리기만 하면 끝이에요.
단, 녹말가루는 덩어리지기 쉬우므로

어떤 식재료라도
걸쭉하게 만드는
마법의 녹말가루!

잘 섞어서 넣거나, 넣은 후에 꼭 섞어야 해요! 녹말가루로 아기가 먹기 힘들어하는 식재료를 먹기 좋게 변신시켜 보세요.

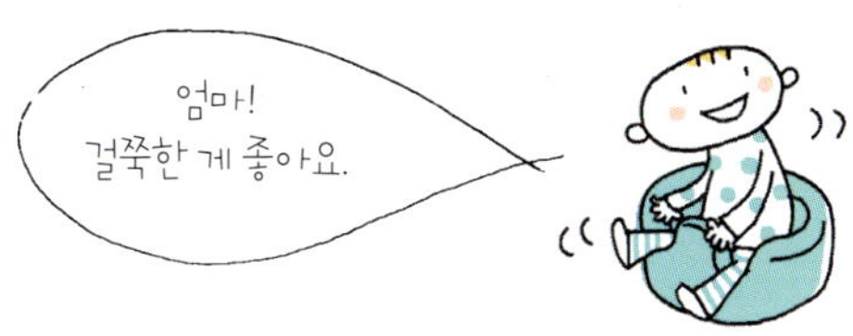

▶ 녹말가루 사용하기

1. 녹말가루를 넣기 직전에 식재료를 섞는다

음식에 녹말가루를 넣기 직전에 식재료와 물(다싯물, 채소수프)을 거친 느낌이 없어질 정도로 잘 섞으세요.

2. 식재료에 녹말가루를 넣은 직후 전자레인지로 가열한다

물과 섞은 녹말가루는 분리되지 않은 상태로 냉동 식재료에 넣은 다음 랩을 씌우고 가열하세요.

3. 전자레인지로 가열 후에 식재료와 녹말가루를 바로 섞는다

전자레인지에 가열 후 식재료와 녹말가루를 재빨리 섞어줘요. 그대로 놔두면 덩어리가 생기니 뜨거울 때 빨리 섞는 것이 중요해요.

알려주세요, 선생님 2

| 조미료와 기름 사용법 |

음식에 염분이나 기름이 많으면 아기 몸에 부담이 돼요. 이유식은 저염분과 저지방을 기본으로 유지하세요.

▶ 조미료 사용하기

조미료는 생후 7개월부터 극소량을 사용할 수 있어요. 아기 신장은 미숙해서 염분이 큰 부담이에요. 꿀꺽기에는 조미료를 사용하지 않아요. 우물기부터 설탕, 소금, 간장, 된장, 식초, 토마토케첩을 사용해도 돼요. 단, 손가락으로 살짝 들어 올려서 집는 정도로 극소량만 사용하세요. 식초나 맛술(가열해서 알콜을 날린다), 카레가루는 냠냠기부터 극소량을 사용하세요. 소스는 12개월 이후부터 극소량을 사용하세요.

▶ 기름 사용하기

기름은 생후 6개월부터 극소량을 사용할 수 있어요. 버터 → 올리브유 순서로 이용해보세요. 기름은 꿀꺽기 후반(6개월경)부터 사용하세요. 유지방 식재료는 소화 · 흡수가 잘 되는 버터(가능하면 무염)를 사용하세요. 식물성 기름은 샐러드유보다 열에 강하고 산화되기 쉬운 올리브유를 권장해요. 참기름은 우물기부터 극소량을 먹일 수 있어요. 마요네즈도 우물기부터 극소량을 먹일 수 있어요. 하지만 마요네즈의 원료에는 날달걀이 포함되므로 생후 12개월까지는 반드시 가열해주세요.

| 조미료 없이도 맛있게! |

조미료 없이 단맛, 신맛, 감칠맛을 간단히 보충할 수 있는 방법을 소개해요.

▶ 조미료를 대신하는 식재료의 맛

식재료 자체의 맛이나 성질을 이용하면 조미료 없이도 이유식이 맛있어요.

바나나 – 꿀꺽기부터 아기가 좋아하는 달콤한 바나나! 이유식에 바나나를 으깨서 넣으면 걸쭉해져요. 바나나는 아기가 싫어하는 식재료에 넣으면 단맛과 걸쭉함을 동시에 더해주는 훌륭한 식재료예요.

토마토 – 꿀꺽기부터 완숙 토마토는 신맛보다 단맛이 강해요. 토마토죽, 데친 토마토 등 토마토를 가열하면 단맛이 올라가요.

요거트 – 우물기부터 신맛을 싫어하는 아기에게 요거트를 먹일 때는 여과지에 올려 수분을 빼세요. 이렇게 맛을 순하게 바꿔주면 아기가 요거트를 싫어하지 않아요. 요거트는 부드러운 식감으로 이유식의 걸쭉함을 더해줄 때도 적격이에요!

치즈 – 우물기부터 치즈가루와 피자 치즈 모두 소량만 사용하는 것은 괜찮아요. 서양식 샐러드, 그라탕, 도리아 등 이유식 마무리에 감칠맛을 낼 때 치즈를 사용하세요.

알려주세요, 선생님 3

| 푸석거림에는 수분! |

이유식에 편리한 액체로는 다음 4가지가 있어요. 푸석푸석, 바삭거려서 먹기 힘들 때 소량을 넣어서 잘 풀어주거나 국물, 수프, 조림 요리를 만들 때 빼놓을 수 없는 액체예요. 이유식에서는 식재료의 맛 자체가 간이 되므로 조미료를 쓰고 싶지 않을 때도 꼭 활용해보세요.

다싯물 – 꿀꺽기부터 어떤 식재료와도 궁합이 좋은 다시마와 가다랭이포는 이유식의 가장 중요한 아이템이에요! 조미료가 없어도 다싯물을 넣으면 이유식이 맛있어져요.

채소수프 – 꿀꺽기부터 채소수프는 채소의 자연스러운 달달함과 맛이 응축되어 있어 아기 몸에 부담이 적어요. 채소수프는 담백한 맛이라 이유식에 사용하기 좋아요.

두부 – 꿀꺽기부터 우유를 사용할 수 없는 꿀꺽기에 두부를 사용하면 부드러운 맛으로 변화를 줄 수 있어요. 두부는 콩이 원료인 식물성 단백질이므로 아기 건강에 좋아요.

우유 – 우물기부터 우유는 우물기부터 조리용으로 사용할 수 있어요. 우유조림이나 우유수프는 아기들이 아주 좋아하는 메뉴예요. 우유는 칼슘 보충에도 좋아요

| 감칠맛을 더해주는 가루! |

식재료의 맛을 바꿔보고 싶을 때 한번 뿌려주는 것만으로도 맛과 감칠맛을 더해주는 가루를 소개해요. 가루는 장기 보존도 가능해서 상비해두면 간단히 맛의 변화를 줄 수 있어요! 단, 가루류는 기관지에 들어가기 쉬우므로 반드시 식재료와 잘 섞어서 촉촉하게 만든 다음 먹이세요.

콩가루 – 꿀꺽기부터 콩가루는 삶은 콩보다 더 오래 보관할 수 있고, 소화 · 흡수에도 좋아요. 콩가루가 기관지에 들어가지 않도록 죽과 함께 잘 섞어서 촉촉하게 만든 후 먹이세요.

가다랭이포 – 우물기부터 가다랭이포를 우린 다싯물은 꿀꺽기부터 먹이지만 가다랭이포는 우물기부터 먹이세요. 가다랭이포를 잘게 부숴서 이유식에 섞으면 다싯물을 넣지 않아도 가다랭이포의 풍미가 배어나와요.

김가루 – 우물기부터 구운김처럼 손으로 찢을 필요가 없어서 간편해요! 김가루는 목이 메이기 쉬우므로 식재료와 충분히 섞어서 먹이세요. 김가루는 미네랄 보충에 좋아요.

참깨가루 – 냠냠기부터 깨는 양질의 기름이 풍부하지만 기관지에 들어가기 쉬우므로 냠냠기부터 먹이세요. 참깨가루는 채소와 육류 등의 식재료와 섞어서 먹이세요.

알려주세요, 선생님 4

| 궁금한 것을 모두모두 모은 이유식 Q & A |

이유식에 대해 궁금한 점이 있으면 무엇이든 물어보세요!
유아 영양학의 일인자인 우에다 선생님이 이유식을 진행하면서 생긴
의문점에 대해서 속 시원하게 풀어드려요.

정해진 시간에 꼭 먹여야 되나요?

정해진 시간에 식사를 하면 체내 리듬이 정돈돼서 식사 전에 소화효소가 나와요. 소화효소는 소화 · 흡수가 원활하게 진행되는 것을 도와줘요. 아기가 소화 · 흡수를 잘하면 필요한 영양소를 제대로 이용할 수 있어요. 아기가 건강하게 잘 놀고 잘 자는 토대는 식사 시간에 달려있어요.

토마토, 단호박, 가지 등은 언제까지 껍질을 벗기고 먹일까요?

얇은 토마토 껍질은 익혀도 부드러워지지 않고 목에 착 달라붙을 염려가 있으므로 생후 24개월까지는 껍질을 벗겨 먹이세요. 단호박은 생후 12개월이 지나면 껍질을 벗기지 않아도 괜찮아요. 가지는 부드럽게 익히면 생후 12개월 전에도 껍질을 벗기지 않고 먹여도 괜찮아요.

생채소는 언제부터 먹일까요?

생채소는 단단하고, 섬유질이 많아서 아기가 씹기 어려워해요. 그래서 어금니가

나지 않은 아기에게는 먹기 힘든 식재료예요. 양상추나 파프리카, 양배추 등은 이가 생기기 시작하는 생후 30~42개월까지는 가열해서 먹이는 게 무난해요.

육류나 생선을 싫어하는 것 같아요

어금니가 나지 않은 아기는 얇게 썬 고기를 먹기 힘들어해요. 생선도 푸석푸석해서 먹기 싫어하는 아기가 많아요. 육류나 생선은 걸쭉하게 만들거나 다른 식재료와 함께 섞는 등 조리 방법을 고민하세요. 아기가 언젠가는 육류나 생선을 먹을 수 있게 되므로 무리하게 먹이지는 마세요.

숟가락 연습은 언제부터 해야 하나요?

'숟가락을 쥐고 놓지 않는다', '스스로 쥐고 싶어한다'면 시기를 불문하고 숟가락을 사용하게 하세요. '잡는다', '잡아서 움직인다', '입에 가져간다' 등 서서히 능숙해질 거예요. 아기가 숟가락에 흥미를 보이지 않을 때는 무리하게 시키지 마세요. 우선은 아기가 손으로 음식을 쥐고 먹는 것에 흥미를 갖게 도와주세요.

음식을 흘리거나 범벅이 돼서 힘들어요

아기가 손으로 음식을 만지는 것은 음식의 감촉이나 온도를 느끼는 학습이에요. 음식을 흘리면 어떻게 되나, 하는 것도 아기에게 있어서는 흥미진진한 공부가 돼요. 식사를 하기 전에 신문지를 까는 등 엄마가 힘들지 않은 범위 내에서 아기가 밥 먹는 연습을 하게 도와주세요.

이가 나지 않아도 기준 시기에 맞춰서 진행하면 되나요?

이가 나는 시기에는 개인차가 있어요. 아직 이가 나지 않은 아기라도 발달 상태를 봐가면서 서서히 단단한 음식을 늘려나가요.

모유를 좋아해서 이유식을 조금밖에 먹지 않아요!

① 체중 증가가 적다, ② 밤중에 울어서 야간 수유가 있다,
③ 낮 동안 빈번히 모유를 찾는다, ④ 이유식이 순조롭지 않다.
생후 12개월이 지나서 4가지 모두 해당된다면 모유 중단을 생각해보세요.

간식의 양은 어느 정도가 적당한가요?

간식은 아기의 영양을 보충하기 위한 것이에요. 냠냠기까지는 간식을 조금씩 주고, 아삭기부터 본격적으로 간식을 줘요. 기준은 마실 것을 포함하여 하루에 90~150kcal가 적당해요. 간식도 시간과 양을 정해서 먹이세요.

아빠의 귀가가 늦어서 이유식을 밤 9시에 줘요

밤늦은 시간과 이른 아침의 식사는 아기 내장에 부담을 주므로 바람직하지 않아요. 늦어도 저녁 7시까지는 이유식을 먹이세요.

생후 12개월이 지났는데 손으로 음식을 쥐고 먹거나 숟가락을 사용하는 것에 흥미를 보이지 않아요

초기에는 손으로 쥐기 쉬운 핑거 푸드 간식을 도전해보세요. 아기가 스스로 음식을 입에 넣을 수 있게 되면 크게 칭찬해주세요. 아기는 스스로 먹었다는 성취감이 생겨서 서서히 손으로 음식을 쥐고 먹거나 숟가락을 사용하는 데 흥미가 생겨요.

벌꿀은 먹이면 안 된다는 게 정말이에요?

유아 보툴리누스균 중독 예방을 위해 생후 12개월 미만의 아기는 꿀을 먹이지 마세요. 보툴리누스균은 식중독을 일으키기 때문이지요. 같은 이유로 흑설탕도 생후 12개월까지는 먹이지 않도록 해요.

아기가 음식을 씹지도 않고 꿀꺽 삼켜버려요

너무 단단하거나 너무 부드러운 음식은 씹지 않는 원인이 되므로 이유식의 굳기를 조절해보세요. 조금 큼직한 음식은 손으로 쥐게 해서 한입 분량을 기억하게 하는 것도 좋아요. 분량을 조절하지 못해서 목이 막히는 경우도 있겠지만 그것도 아기에게 있어서는 학습이에요.

마늘이나 생강을 먹여도 되나요?

마늘이나 생강은 몸에 안 좋은 식재료는 아니지만 자극이 강하기 때문에 아기에게는 맞지 않아요. 아삭기부터 소량이면 괜찮지만 너무 많이 먹으면 코피가 나는 아기도 있어요. 마늘과 생강은 극소량만 먹이세요.

이유식을 졸업하고 언제부터 유아식을 시작할까요?

'형태가 있는 음식을 씹어 먹을 수 있다', '에너지나 영양소의 대부분을 식사에서 섭취한다' 등이 이유식 완료의 기준이에요. 이유식을 완료하면 유아식으로 진행하세요. 시기에는 개인차가 있으며, 보통 생후 12~18개월경이에요.

회는 언제부터 먹을 수 있나요?

아무리 신선해도 아기에게 생선회는 절대 금지! 회는 알레르기는 물론, 잡균에 의한 식중독이나 기생충의 염려가 있어요. 회는 반드시 속까지 잘 익혀주세요. 이유식을 졸업한 후, 유아식도 날것을 피하는 것이 원칙이에요.

아기가 먹어도 되는 식재료와 먹으면 안 되는 식재료 일람표

소화 · 흡수가 미숙한 아기를 위한 식재료 가이드!
언제부터 어떤 식재료를 먹여도 되는지 고민된다면 아래 표를 확인해보세요.

아기에게 적합한지 부적합한지를 ●▲✖로 표시했어요.
● 알맞은 굳기나 형태로 조리해서 적정량이면 OK!
▲ '상태를 봐가며, 소량으로' 등 조건이 있을 경우
✖ 염분이나 지방이 너무 많은 것 등으로 아기에게는 부적합

에너지원 식품

	식품명	꿀꺽기 5~6개월경	우물기 7~8개월경	냠냠기 9~11개월경	아삭기 12~18개월경	특징, 먹이는 방법
밥 · 빵류	밥	●	●	●	●	소화 · 흡수가 좋아서 이유식에 최적이다.
	식빵	▲	●	●	●	밀가루 알레르기를 고려하여 꿀꺽기 후반부터 먹인다.
	버터롤	▲	●	●	●	마가린을 사용한 것은 먹이지 않는다.
	떡	✖	✖	✖	✖	목에 걸릴 위험이 있어 절대 금지! 생후 24개월 이후부터 먹인다.
면류	우동	▲	●	●	●	걸쭉하게 조리하면 꿀꺽기 후반부터 OK!
	소면, 냉국수	✖	●	●	●	염분이 의외로 많으므로 반드시 한번 삶은 후에 조리한다.
	스파게티, 마카로니	✖	▲	●	●	탄력이 있으므로 냠냠기부터 권장한다.
	쌀국수	✖	▲	●	●	뜨거운 물에서 부드럽게 불린 후에 먹기 좋게 잘게 썬다.
	중화면	✖	✖	✖	▲	소화하기 힘들므로 생후 12개월 이후에 가끔씩 먹인다.
	메밀국수	✖	✖	✖	✖	알레르기 예방을 위해 이유식 시기에는 먹이지 않는다.
기타	감자	●	●	●	●	이유식에 좋은 에너지원이다. 비타민C도 풍부하다.
	고구마	●	●	●	●	달콤해서 아기들이 좋아한다. 꿀꺽기부터 보석 같은 재료다.
	콘플레이크	✖	●	●	●	설탕이 뿌려지지 않은 플레인 타입으로 먹인다.
	핫케이크 믹스	✖	✖	▲	●	당분이 함유되어 있으므로 너무 많이 먹이지 않도록 주의한다.

단백질원 식품

	식품명	꿀꺽기 5~6개월경	우물기 7~8개월경	냠냠기 9~11개월경	아삭기 12~18개월경	특징, 먹이는 방법
콩 제품	두부	●	●	●	●	고단백질로 소화 · 흡수가 좋아 이유식에서 대활약!
	두유	●	●	●	●	무설탕에 콩만 함유되어 있으면 꿀꺽기부터 OK!
	콩가루	●	●	●	●	가루 상태로는 기관지에 들어갈 염려가 있으니 반드시 촉촉하게 만들어서 먹인다.
	언두부	●	●	●	●	두부 이상으로 영양이 풍부하다. 갈아서 사용해도 편리하다.
	낫또	×	●	●	●	초기에는 잘게 썰어 가열하면 소화 · 흡수에 좋다.
	삶은 콩	×	×	●	●	소화가 잘 안되는 속껍질을 벗기고, 잘게 썰거나 으깨서 사용한다.
	두부 튀김, 유부	×	×	▲	▲	기름기를 빼도 기름기가 많으므로 굳이 사용하지 않는다.
달걀	달걀노른자	×	●	●	●	우물기부터 완숙 달걀 노른자를 1작은술씩 시작해서 천천히 늘린다.
	달걀흰자	×	▲	●	●	우물기 후반부터 달걀노른자에 익숙해지면 조금씩 시도한다.
	온천란, 반숙란	×	×	×	●	알레르기가 걱정되므로 반숙 상태는 생후 12개월 이후부터 먹인다.
유제품	플레인 요거트	×	●	●	●	소화 · 흡수가 좋고 부드러워서 무침 등에 편리하다.
	생크림 유지방 100%	×	▲	●	●	우물기부터 1회 1작은술까지 괜찮다. 커피용 생크림은 사용 금지!
	우유	×	●	●	●	가열해서 사용한다. 음료로는 생후 12개월 이후부터 먹인다.
	코티지 치즈	×	●	●	●	지방 염분이 적은 치즈이므로 아기에게 적합하다.
	가공 치즈	×	●	●	●	지방 염분이 많으므로 맛 내기 정도로만 소량 사용한다.

단백질원 식품

구분	식품명	꿀꺽기 5~6개월경	우물기 7~8개월경	냠냠기 9~11개월경	아삭기 12~18개월경	특징, 먹이는 방법
생선	참돔	●	●	●	●	알레르기 걱정이 적으므로 이유식 초기에 먹이는 생선으로 적합하다.
생선	넙치, 가자미	●	●	●	●	두 생선 모두 저지방으로 위장에 부담을 주지 않는다.
생선	삼치	×	▲	●	●	참돔이나 넙치, 가자미에 익숙해지면 조금씩 먹인다.
생선	대구	×	×	●	●	알레르기 걱정이 있으므로 냠냠기부터 무난하다.
생선	연어	×	●	●	●	지방이 많으므로 우물기부터 먹인다. 소금에 절이지 않은 연어를 선택한다.
생선	참치, 가다랑어	×	●	●	●	참치는 붉은살, 가다랑어는 등살(지방이 적은 부위)을 먹인다.
생선	황새치	×	●	●	●	저지방으로 고단백이다. 뼈가 없으므로 조리도 간편하다.
생선	전갱이, 정어리, 꽁치	×	×	●	●	잔뼈가 많으므로 주의해서 제거하고 먹기 좋게 풀어준다.
생선	방어	×	×	▲	●	지방이 붙은 겨울 방어는 삶거나 숯불 구이로 조리한다.
생선	고등어	×	×	▲	●	알레르기를 일으키기 쉬우므로 조금씩 신중히 먹인다.
생선	회	×	×	×	×	날생선은 절대 금지! 초밥도 금지! 반드시 확실히 가열한다.
기타·어패류	가리비 관자	×	▲	●	●	가열 조리할 경우 소량이라면 우물기부터 먹인다.
기타·어패류	굴	×	×	●	●	부드럽고 영양이 풍부하다. 잘 가열해서 먹인다.
기타·어패류	바지락	×	×	●	●	가열하면 딱딱해지므로 잘게 썰어서 먹인다.
기타·어패류	오징어, 문어	×	×	▲	●	부드럽게 삶거나 두드려서 잘게 써는 등 아기가 먹기 편하게 조리한다.
기타·어패류	새우, 게	×	×	×	▲	알레르기 걱정이 있으므로 이유식에서는 피한다.

단백질원 식품

	식품명					특징, 먹이는 방법
어패 가공품	마른 잔멸치	●	●	●	●	반드시 소금기를 빼고 사용한다. 뱅어포는 냠냠기부터 먹인다.
	가다랭이포	▲	●	●	●	다싯물을 내거나 잘게 썰어 이유식에 섞어도 괜찮다.
	캔참치	×	●	●	●	식염 무첨가가 좋다. 참치 기름을 충분히 빼고 사용한다.
	염장 연어	×	×	▲	▲	소금기가 적은 연어를 선택해 구워서 뜨거운 물로 소금기를 빼준다.
	말린 전갱이	×	×	×	▲	염분이 많으므로 날생선을 굽는 것을 권장한다.
	어묵	×	×	▲	▲	염분이나 첨가물을 섭취할 수 있으므로 좋지 않다. 가끔씩 소량을 사용하는 정도로만 먹인다.
	생선 소시지	×	×	×	●	부드럽고 먹기 좋은 것이 특징이다. 가능한한 무첨가물로 먹인다.
	장어꼬치구이	×	×	×	▲	가끔씩 극소량만 먹인다.
	명란젓	×	×	×	▲	염분이 많으므로 잘 가열한 후 맛내기 정도로만 사용한다.
육류	연한 닭가슴살	×	●	●	●	저지방으로 위장에 부담이 적다. 육류를 처음 시작할 때 적합하다.
	닭가슴살, 닭다리살	×	▲	●	●	연한 닭가슴살에 익숙해졌다면 OK. 껍질과 지방을 제거해서 먹인다.
	저민 닭고기	×	▲	●	●	껍질이 없는 닭가슴살이나 저민 닭을 선택한다.
	소고기붉은살, (저민 소고기붉은살)	×	×	●	●	닭고기에 익숙해지면 냠냠기부터 철분 보충에 좋다.
	돼지고기붉은살 (저민 돼지고기붉은살)	×	×	●	●	소고기에 익숙해지면 지방이 적은 붉은살을 조금씩 먹인다.
	저민 소고기, 돼지고기	×	×	▲	●	지방이 많은 흰살 부위는 피하고 붉은살이 많은 부분을 조리한다.
	간	×	×	●	●	닭, 소, 돼지고기 간은 괜찮다. 그러나 확실히 가열해서 먹인다.
육가공품	햄	×	×	×	▲	돼지고기에 익숙해지면 첨가물이 적은 것을 선택한다.
	베이컨, 소시지	×	×	×	▲	염분과 지방이 많으므로 맛 내기 정도로 소량만 사용한다.

비타민 · 미네랄원 식품

	식품명	꿀꺽기 5~6개월경	우물기 7~8개월경	냠냠기 9~11개월경	아삭기 12~18개월경	특징, 먹이는 방법
채소류	당근	●	●	●	●	베타카로틴이 풍부하다. 삶아서 강판에 갈면 부드러워진다.
	단호박	●	●	●	●	달콤해서 이유식에 적합하다. 전자레인지에 가열하는 것이 편하다.
	토마토	●	●	●	●	껍질과 씨를 제거해서 조리한다. 가열하면 달콤함이 배가 된다.
	토마토홀	●	●	●	●	무첨가물이라면 OK. 토마토주스도 괜찮다.
	시금치, 소송채	●	●	●	●	철분이 풍부하다. 철분이 부족하기 쉬운 냠냠기부터 특히 좋다.
	브로콜리	●	●	●	●	비타민C가 듬뿍! 우물기까지는 꽃봉오리 부분만 먹인다.
	양배추, 배추	●	●	●	●	섬유질이 많으므로 부드럽게 가열해서 잘게 썰어준다.
	양파, 파	●	●	●	●	잘 가열하면 달달해지므로 꿀꺽기부터 먹인다.
	무, 순무	●	●	●	●	껍질을 두껍게 깎아서 조리한다. 무는 단맛이 있는 부위(파란 부위)를 사용한다.
	버섯류	×	▲	●	●	식이섬유가 풍부하다. 우물기부터 잘게 채썰어 먹인다.
	누에콩	●	●	●	●	비타민B1이 풍부하다. 삶아서 얇은 막을 벗긴 뒤 사용한다.
	숙주나물	▲	▲	●	●	수염 뿌리를 제거하고 데쳐서 먹기 좋게 조리한다.
	가지, 오이	●	●	●	●	오이는 단단한 껍질을 벗겨서 조리한다. 가지는 부드럽게 가열한다.
	양상추	●	●	●	●	잘게 썰어서 끓이거나 볶는 등 가열해서 먹기 좋게 조리한다.
	그린 아스파라거스	●	●	●	●	아래쪽 반은 얇게 껍질을 벗기면 부드럽게 먹을 수 있다.
	파프리카, 피망	●	●	●	●	달달한 파프리카를 권장한다. 파프리카와 피망은 껍질을 벗긴 뒤 조리한다.
	연근, 우엉, 죽순	×	×	●	●	섬유질이 많아서 가열해도 딱딱하므로 냠냠기부터 먹인다.
	마늘, 생강	×	×	▲	▲	자극이 강해서 아기에게는 부적합하다. 조금씩 덜어 쓰는 정도로만 사용한다.

비타민 · 미네랄원 식품

	식품명					특징, 먹이는 방법
과일류	바나나	●	●	●	●	달콤하고 으깨기 쉬워서 이유식에서 주식으로 활용한다.
과일류	사과, 딸기, 복숭아, 귤, 오렌지 등	●	●	●	●	대부분의 과일은 꿀꺽기부터 OK. 단, 알레르기 걱정이 있으므로 가열해서 먹인다.
과일류	아보카도	×	▲	▲	●	영양은 풍부하지만 지방이 많으므로 생후 12개월까지 소량만 먹인다.
해조류	구운 김	▲	●	●	●	잘게 썰거나 찢어서 죽이나 무침에 넣으면 좋다.
해조류	톳	▲	●	●	●	철분, 식이섬유가 풍부하다. 물에 부드럽게 불려서 사용한다.
해조류	미역	×	▲	●	●	염장 미역은 소금기를 잘 뺀다. 부드럽게 조리해서 먹인다.
해조류	다시마	●	●	●	●	다시마를 넣어 다싯물을 만들면 이유식에 감칠맛을 낼 수 있다.

기타 식품

식품명	꿀꺽기 5~6개월경	우물기 7~8개월경	냠냠기 9~11개월경	아삭기 12~18개월경	특징, 먹이는 방법
아기용 과즙, 채소 음료	▲	▲	▲	▲	이유식에 영향이 없도록 월령 X 10㎖를 기준으로 먹인다.
잼	×	▲	▲	▲	저당 타입이라도 냠냠기에 1작은술까지만 먹인다.
젤라틴	×	×	×	▲	알레르기를 일으킬 수도 있다. 한천이라면 냠냠기부터 먹인다.
벌꿀, 흑설탕	×	×	×	●	보툴리누스균이 걱정되므로 생후 12개월이 지나면 먹인다.

옮긴이 | 윤지희

대학에서 일어일문학을 전공하고 일본 문부과학성 장학생으로 선발되어 게이오대학교에서 공부하였다. 시사일본어사에서 일본어 교재 개발에 참여하였으며, 팬택 중앙연구소의 일본 모델 개발실에서 통역과 번역 업무를 담당하였다. 현재는 프리랜서 번역가로 활동 중이며, 옮긴 책으로는 『수학력』이 있다.

엄마표 냉동이유식은 다르다

초판 1쇄 발행 | 2015년 11월 30일

조리지도 · 제작 | 호리에 사와코(요리연구가 · 영양사)
영양지도 | 우에다 레이코(영양학박사 · 관리영양사)
옮긴이 | 윤지희
펴낸이 | 이원범
기획 · 편집 | 김은숙, 김경애
마케팅 | 안오영
본문 · 표지디자인 | 강선욱

펴낸곳 | 어바웃어북about a book
출판등록 | 2010년 12월 24일 제2010-000377호
주소 | 서울시 마포구 서교동 394-25 동양한강트레벨 1507호
전화 | (편집팀) 070-4232-6071 (영업팀) 070-4233-6070
팩스 | 02-335-6078
ISBN | 978-89-97382-95-8 13590

| 교양과 멋을 동시에 잡는 어바웃어북의 책 |

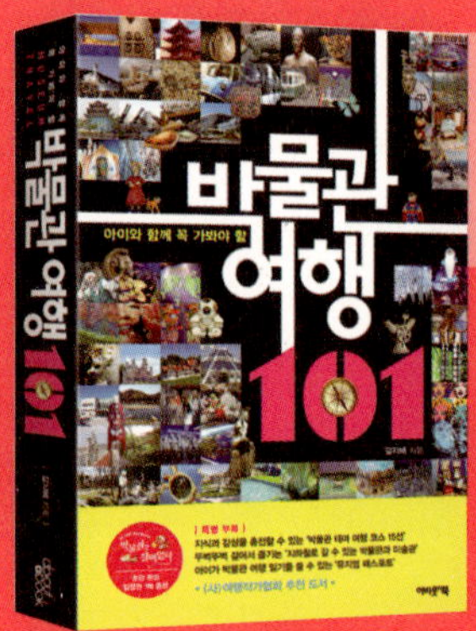

아이와 함께 꼭 가봐야 할

박물관 여행 101

길지혜 지음 | 628쪽 | 값 20,000원

■ 한국출판문화진흥원 선정 '청소년 권장 도서'

아이가 재미있게 놀며 배울 수 있는 박물관을 11개의 테마로 나눠 소개한다. 다양한 여행 정보뿐만 아니라 예술, 자연사, 역사 등 함께 공부할 인문 지식을 아이의 눈높이에 맞춰 풀어준다.

남성의 품격과 생존력을 높이는 멋내기 전략

겟잇스타일 Get It Style

스타일 어드바이저 지음 | 303쪽 | 14,000원

승자가 되려면 옷차림부터 체취까지
전략적으로 코디하라!

남성의 품격과 생존력을 동시에 끌어올려 줄 52가지 스타일링 노하우를 소개한다. 상대방의 마음을 쥐락펴락하는 상의 앞 단추 잠금 요령, 신뢰감을 주는 넥타이 색상 등 정글 같은 비즈니스 세계에 살아남기 위한 멋내기 전략을 담아냈다.

그림에 번진 아이의 상처를 어루만지다

아이의 스케치북

김태진 지음 | 332쪽 | 값 16,000원

■ 문화체육관광부 선정 '우수 교양 도서'

상처받은 아이들의 마음을 어루만져 주는 미술 수업을 공개한다. 아이들의 마음을 들여다보는 것에서부터 상처를 극복하는 과정까지 그림을 소재로 풀어낸다. 또한 그림을 통해 아이들의 감춰왔던 본능, 잠재된 재능, 꿈과 희망 등에 대해서도 이야기한다.

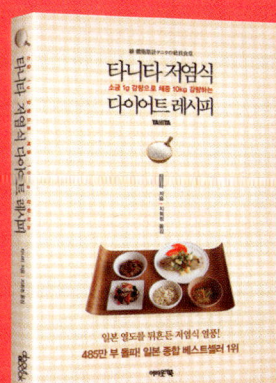